名师讲科技前沿系列

图解
芯片技术

TUJIE
XINPIAN
JISHU

田民波　编著

化学工业出版社

·北京·

针对入门者、应用者及研究开发者的多方面的需求，《图解芯片技术》在汇集大量资料的前提下，采用图文并茂的形式，全面且简明扼要地介绍芯片工作原理，集成电路材料，制作工艺，芯片的新进展、新应用及发展前景等。采用每章之下"节节清"的论述方式，左文右图，图文对照，并给出"本节重点"。力求做到深入浅出，通俗易懂；层次分明，思路清晰；内容丰富，重点突出；选材新颖，强调应用。

本书可供微电子、材料、物理、精密仪器等学科本科生及相关领域的工程技术人员参考。

图书在版编目（CIP）数据

图解芯片技术 / 田民波编著. —北京：化学工业出版社，2019.4（2025.3重印）
（名师讲科技前沿系列）
ISBN 978-7-122-33960-7

Ⅰ. ①图… Ⅱ. ①田… Ⅲ. ①芯片-微电子技术-图解 Ⅳ. ①TN43-64

中国版本图书馆CIP数据核字（2019）第034682号

责任编辑：邢　涛　　　　　　　文字编辑：陈　喆
责任校对：宋　玮　　　　　　　装帧设计：王晓宇

出版发行：化学工业出版社（北京市东城区青年湖南街13号　邮政编码100011）
印　　装：北京新华印刷有限公司
880mm×1230mm　1/32　印张9¾　字数294千字　2025年3月北京第1版第10次印刷

购书咨询：010-64518888
售后服务：010-64518899
网　　址：http://www.cip.com.cn
凡购买本书，如有缺损质量问题，本社销售中心负责调换。

定　　价：49.00元

前　言

半导体集成电路（IC）元件的核心是芯片，被称为"工业之米"。芯片已渗透到社会生活的各个领域，不仅机器设备，就连我们生活中不可或缺的电子手表、电冰箱、洗衣机、电饭锅、手机等也离不开芯片。

以大数据、云计算为支撑，人们正在逐步实现各种机器的智能化。这些机器具有人的感知，能收集、加工各种信息，主动地进行某种目的的操作，经过学习训练（机器学习）还能从事技术含量更高的工作等。而这一切，都是以各种芯片为基础的。

芯片大约以每3年一代（集成度翻两番）的速度日新月异地发展。尽管目前已有减速的迹象，但信息化、多媒体化、数字化、智能化的进程仍在继续。所有这些都有赖于电子技术及作为其核心的芯片技术的持续进展。

芯片除在装置、设备中扮演"部件"的角色外，其自身作为一个体系也在不断发展、进化。从这种意义上讲，将芯片形容为"进化中的细胞"或许更确切些。

时至今日，我国进口额最大的物资，不是石油、天然气，也不是粮食，而是芯片。我国每年芯片的进口额高达2600多亿美元，约折合1.7万亿元人民币。装备制造业的芯片相当于人的心脏，**心脏不强，体量再大也不算强。我国要在芯片技术上加快实现重大突破，勇攀世界半导体科技高峰。**

芯片是信息革命的核心技术和主要推动力，可以说，现在每一个信息产业的进步，都离不开芯片的发展。特别是当下的移动互联网和人工智能时代，表面上看是苹果手机、谷歌人工智能、互联网公司APP大行其道，但其背后，是许多芯片在支撑海量数据的计算、处理、传输和通信。

没有芯片的安全，就没有信息的安全。核心的技术是买不来的，必须依靠自主创新。经过多年努力，我国芯片研发已取得明显进步，一些领域有重大突破，但与西方国家相比，我们的芯片产业依然有很大差距。

目前，一方面芯片技术正日益广泛、深入和快速地应用到现代社会的各个领域，而另一方面，很多人对芯片技术的了解、对其本质的认识却一知半解，人云亦云。由于涉及大量尖端技术，难度极高，且芯片制作封闭于"与世隔绝"的超净工作间，普通人很难了解其中的奥妙。同时，由于多学科交叉，即使某一学科的专家，也难以做到"一专百通"。面对涉及面广、发展快、内容新而又相当深奥的半导体技术和芯片技术，迫切需要深入浅出、通俗易懂、内容广泛、学科交叉、既针对现实又照顾到历史由来和发展前景的科普读物。

《图解芯片技术》是"名师讲科技前沿"系列中的一册，其目的是全方位地介绍半导体及集成电路的基本知识。针对制造现场出现的，生产者和使用者经常考虑的、想要知道的、经常听别人谈起的问题，简要地回答是什么和为什么，不仅能使读者入门，而且对于芯片的最前沿领域的现状和发展也有了解。本书可供从事芯片产业或关联领域，以及在芯片工艺、制造装置、制造材料等领域与技术或经营相关的读者学习借鉴。

针对入门者、应用者和研究开发者等多方面的需求，本书在汇集大量资料的前提下，采用图文并茂的形式，全面且简明扼要地介绍芯片工作原理，集成电路材料，制作工艺，芯片的新进展、新应用及发展前景等。采用每章之下"节节清"的论述方式，左文右图，图文对照，并给出"本节重点"。力求做到深入浅出，通俗易懂；层次分明，思路清晰；内容丰富，重点突出；选材新颖，强调应用。

本书得到清华大学本科教材立项资助并受到清华大学材料学院的全力支持。原稿承蒙蔡坚、吴华强教授审阅，并采纳了他们的宝贵意见，少部分内容还利用了吴华强教授的讲稿，在此表示衷心感谢。

芯片技术涉及电路设计、制作、封装、测试及材料等各个方面，作者水平有限，不妥之处，恳请读者批评指正。

田民波

目　录

第1章　集成电路简介

第2章 从硅石到晶圆

第3章 集成电路制作工艺流程

书角茶桌

第4章　薄膜沉积和图形加工

书角茶桌

第5章 杂质掺杂——热扩散和离子注入

书角茶桌

第6章　摩尔定律能否继续有效

第 1 章

集成电路简介

1.1 概　述

1.1.1 从分立元件到集成电路

"集成电路"的英文名称为 Integrated Circuits，简称 IC。顾名思义，集成电路是集多个电路元件为一体，共同实现各种电气（电子）功能的组合电路。

稍为年长者，大都见过甚至亲手装过矿石收音机。为能收到电台的广播，要把分立的三极管、电阻、电容、二极管等插在印制电路板上，通过引线组成电路。

与此相对，现在最为普及的半导体集成电路是在一个硅单晶基片上做成多个具有三极管、电阻、电容等功能的元件，用铝布线、铜互联连接在一起，所起的作用可以与上述矿石收音机电路的作用完全相同，只是做成一体，又小又细，用肉眼看不到而已。

截至 2018 年，在工业生产的 IC 中，最小线宽已达 7nm（最先进技术为 3nm）。若以 90nm 技术为例，与矿石收音机时代相比，尺寸仅为原来的 5 万分之一，面积仅为 30 亿分之一，由此可以想象其集成度高到什么程度。

电路的高度集成，不仅极大地有利于电子设备的小型化，而且由于电路同时具备各种各样的功能，也有利于提高设备性能、降低功耗、增加可靠性。

我国是世界上最大的 IC 芯片市场，2017 年进口 IC 芯片 2600 亿美元（3770 亿块），年增 14.6%（10.1%），占大陆进口总额的 14.1%，平均进口单价为 0.69 美元（约 4.35 元人民币）。整体规模更是 1600 亿美元原油进口额的 1.6 倍以上。2017 年，全球半导体总销售额 4122 亿美元，同比增长 20.6%。其中 IC 芯片为 3402 亿美元，而中国进口了全球 76% 的芯片。

美国商务部 2018 年 4 月 16 日宣布，今后 7 年内，将禁止该国企业向中国电信设备制造商中兴通讯出售任何电子技术或通信元件。美国出口禁运触碰到了中国通信产业核心技术缺乏的痛点。如今，"禁令"已经解除，但它却成为一代人心中的痛。

本节重点
（1）目前 IC 实现产业化的特征尺寸（栅长或最小线宽）最前沿水平达到多少纳米？
（2）谈谈你对 IC 发展前景的认识。

集成电路的变迁及尺寸的比较

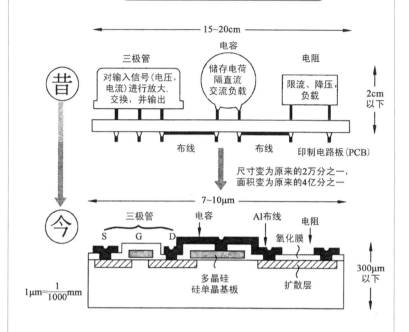

诞生于 1958 年的第一款集成电路

如今集成电路中的铜布线

1.1.2 由硅圆片到芯片再到封装

实际的硅 IC，一般要在一块很薄的圆盘形单晶硅片上同时做出很多个，再划分成一个一个的 IC 芯片，最后要做成封装器件，如图所示。

由于 IC 芯片小、薄而且脆，布线又细又密，因而芯片若不封装，直接与印制电路板电气连接十分困难。而且直接拿芯片操作也易产生裂纹甚至断裂等缺陷，因此封装是必不可少的。

封装是把 IC 芯片安置在基板上，经引线、键合、封接，最后封装成一个整体。封装具有电气特性保持、物理保护、散热防潮、应力缓和、节距变换、通用化、规格化等功能，涉及薄厚膜、微细连接、多层基板、封接封装等几大类关键技术。

打开微机外壳，首先见到的可能就是这种被封装的 IC，常称为"封装芯片"。封装有各种形式，一般都有多条"腿"（用于电气连接），容易使人联想起蚰蜒，故常有此称呼。实际上，IC 就隐藏在其中。

只要是电子产品，就离不开芯片。芯片通常分为两种：一种是功能芯片，比如我们常说的中央处理器（CPU），就是带有计算功能的芯片；另一种就是存储芯片，比如计算机里的闪存（Flash），是一种能储存信息的芯片。

这两种芯片，本质上都是载有集成电路的硅。怎么理解呢？就是我们在一块硅圆片上，按照设计刻出一些凹槽，在凹槽里填充一些介质，从而使硅面上形成许多晶体管、电阻、电容和电感，在这块硅圆片上形成复杂的电路，再经划片、裂片得到一个一个的芯片，使每个芯片实现一些特定的功能。所以，我们才会看到芯片放大图上有那么多弯曲、平行的凸起和纹路。

听起来不难，做起来可不简单。芯片的诞生分三个步骤，分别是设计、制作和封装，难度依次减弱。现在全球芯片设计基本集中在美国，制作集中在中国台湾地区、韩国和日本。

现在看来，中国要真正做出自己的芯片，顶层设计（架构设计）和光刻技术是两大难题。

本节重点
（1）说明半导体器件从硅单晶、硅圆片到芯片再到封装的关系。
（2）给出电子封装的广义定义和狭义定义。
（3）封装有哪些功能？

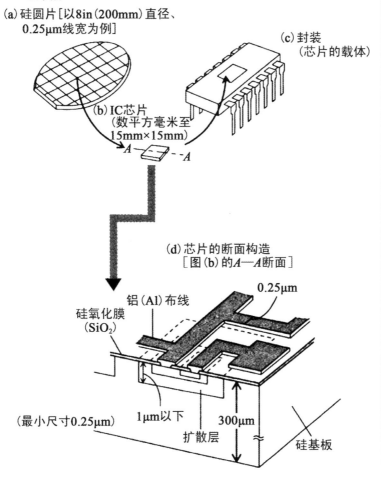

由硅圆片到芯片再到封装的关系

硅单晶
(a) 硅圆片 [以8in(200mm) 直径、
0.25μm线宽为例]

(c) 封装
（芯片的载体）

(b) IC芯片
（数平方毫米至
15mm×15mm）

A — A

(d) 芯片的断面构造
［图(b)的A—A断面］

0.25μm

铝(Al)布线

硅氧化膜
(SiO₂)

（最小尺寸0.25μm）

1μm以下

300μm

扩散层

硅基板

1.1.3 三极管的功能
——可以比作通过水闸的水路

IC 中，最重要且最普遍的元件可以说是三极管，由于它具有开关、振荡、变频、放大等功能，可以说是任何电子电路中绝对不可缺少的。

三极管的作用可以比作"通过设有水闸的水路"。如图 1 所示，水从水源（"源"）通过设有水闸（"栅"）的水路，水闸下方设一水泵，泵吸水加速排入排水沟（"漏"）。

即使水泵运转，只要水闸关闭，就不会有水通过。在这种状态下，慢慢提升水闸，开始有一段时间水仍然不能通过，但从闸板高于闸槽底的那一刻起，便有水开始通过，而后随着水闸提升，水流也逐渐增加。

在这种情况下，泵的吸力越强，水闸提得越高，水路的断面积越大，流过水路的水量就越多。

在实际的三极管中情况如何呢？下面以 n 沟道金属 - 氧化物 - 半导体场效应晶体管（MOS）为例加以说明（图 2）。

nMOS 的基本构成是，在 p 型硅半导体基体的表面附近，设有称作"源（电子的供给源）/漏（排出口）"的岛状 n^+ 型区，在两区间的基体表面上设有栅绝缘膜，并在此绝缘膜上设有栅电极。

在这种 MOS 三极管中，源电极和基板电极接地，那么在漏电极处在一定电压的状态下，随栅极电压升高，会出现什么情况呢？实际上，从某一电压（阈值电压：threshold voltage）开始，源区与漏区间的基体表面上会立即形成电子的沟道（channel），当然，电子便随之开始流动，此后，随栅电压升高，电流增加。这与前面水闸的原理十分类似。

上述三极管的基本特性称为"电流－电压特性"。另外，由于实际流过的是带有负电荷的电子，可以想象电流是从漏一侧通过沟道流向源一侧。

本节重点
（1）nMOS 的基本构成。
（2）用图 1 所示的水闸模型说明图 2 所示 MOS 的工作过程。
（3）三极管的基本特性称为"电流－电压特性"。

图 1 三极管的作用可以比作通过设有水闸的水路

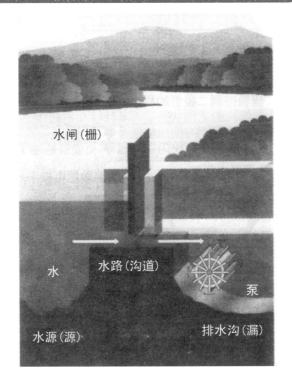

水闸（栅）

水

水路（沟道）

泵

水源（源）

排水沟（漏）

图 2 n 沟道 MOS 三极管的模型图及符号

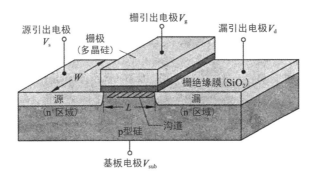

栅引出电极 V_g

源引出电极 V_s

漏引出电极 V_d

栅极 （多晶硅）

W

栅绝缘膜（SiO$_2$）

源 （n$^+$ 区域）

L

漏 （n$^+$ 区域）

p 型硅

沟道

基板电极 V_{sub}

1.1.4 n 沟道 MOS (nMOS) 三极管的工作原理

下面对 npn 型三极管的结构和工作原理加以说明。如图 (a) 所示，典型的 npn 型三极管的结构是非常简单的。栅极在与纸面垂直的方向也具有与横向长度不相上下的尺寸（即栅极具有与纸面垂直的细长形状）。如图所示，在 npn 型三极管中，n 型源和 n 型漏是在 p 型晶圆的表层做出的。

栅绝缘膜在栅极与晶圆之间起绝缘作用，它通常采用由晶圆表面氧化生成的硅氧化膜 (SiO_2) 或其中添加氮的氧氮化膜 (SiON)。现在，作为下一代栅绝缘膜，正在开发的有氮化硅膜 (Si_3N_4) 及由金属氧化物构成的膜层等。

栅极用材料，目前普遍采用掺杂电活性杂质的多晶硅（以前经历过采用 Al 的铝栅时代）。现在，正在开发作为下一代材料的金属与硅的合金（硅化物）栅极。从以上所述便可知晓，由栅电极（金属或多晶硅）、栅氧化膜 (oxide)、晶圆（半导体）构成的三极管被称为 MOS 的理由。

图 (b) 表示 npn 型三极管截止时的状态（pn 结部位的耗尽层省略）。在此需要注意的是，即使进入截止状态，三极管内也并非处于等电位，因为漏极处于外加电压状态。但是，由于 pn 结上反向电压的作用，p 型晶圆部分 – 漏 (n 型) 间几乎没有电流流过。另外，源 (n 型) –p 型晶圆部分间由于不存在电位差，当然不会有电流流过。因此，在截止状态，源 (n 型) – 漏 (n 型) 间不会有电流流过。

图 (c) 表示 npn 型三极管**导通**时的状态。工作时栅极处于外加正电压状态，p 型晶圆中的空穴受此正电压的"**场效应**"排斥作用而远离，而电子受到吸引作用而集聚于栅绝缘膜的正下方。这样，源 – 漏间被电子所充满，它们受源 – 漏间电场的作用便会沿箭头所指方向移动，即在与箭头所指相反方向产生电流。

此时，称源 – 漏间栅绝缘膜正下方的部分为**沟道**，如图 (c) 所示。一般来说，沟道长度小于栅长。而在非常微细的三极管中，沟道长度仅为栅长的大约 1/2。

本节重点

(1) 画图并说明 n 沟道 MOS 三极管的工作原理。
(2) 源 – 漏间栅绝缘膜正下方的部分为沟道。
(3) 栅绝缘膜在栅极与晶圆之间起绝缘作用。

n 沟道 MOS(nMOS) 三极管的工作原理

栅极　　　　　栅长

栅绝缘膜

源(n型)　　　　　　　漏(n型)

p型晶圆

(a)断面

p型晶圆

(b)截止时

沟道　　　　　　　　沟道长度

沟道

p型晶圆

(c)导通时

1.1.5 截止状态下 MOS 器件中的泄漏电流

1.1.4 节图中所示的 npn 型三极管,在导通时流经沟道的电流是靠电子的移动引起的,因此它也被称为 nMOS,而且这时的沟道称为 n 沟道。对此,沟道中开始有电流流动时所对应的栅电压称为**阈值电压**,一般用符号 V_{th} 表示。容易理解,三极管可以作为开关元件而使用。

图 1(a)表示 pnp 型三极管的断面结构。这种情况首先是由杂质的离子注入做出称为 n 阱的区域,在此 n 阱内,再形成 p 型源和 p 型漏。图(b)表示 pnp 型三极管导通时的状态。导通时由于栅电极处于负电位,n 型晶圆中的电子受此负电压**"场效应"**排斥作用而远离,而空穴受到吸引作用而集聚于栅绝缘膜的正下方。此空穴在栅绝缘膜下方集聚形成沟道,由于源 − 沟道 − 漏间空穴的移动而形成电流。因此 pnp 型三极管称为 pMOS,对应的沟道称为 p 沟道。

图 2 表示 nMOS 三极管截止时的**泄漏电流**(I_{off}),一般情况下 I_{off} 由三部分组成

$$I_{off}=I_{GD}+I_{SD}+I_{BD} \tag{1−1}$$

式中:I_{GD} 是栅 − 漏之间的泄漏电流;I_{SD} 是源 − 漏之间的泄漏电流; I_{BD} 是晶圆(硅衬底)− 漏之间的泄漏电流。

I_{GD} 是与栅绝缘膜的厚度相关的隧道(tunnel)电流,而 I_{SD} 是源 − 漏间的能带弯曲所决定的泄漏电流(sub−threshold leakage current),它们受晶圆晶体缺陷的影响可以忽略。与之相对,I_{BD} 是**结泄漏电流**(junction leakage current),它受到晶圆品质的直接影响,特别是对于栅长越来越短的情况。

本节重点

(1) 对 nMOS 和 pMOS 的结构和工作原理加以对比。
(2) "场效应"由哪一极产生?对何种载流子起作用?
(3) 截止状态下 nMOS 三极管的泄漏电流由哪三部分组成?

图 1　p 沟道 MOS(pMOS) 三极管的工作原理

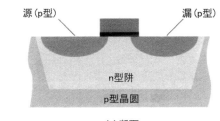

源(p型)　　　　漏(p型)

n型阱

p型晶圆

(a)断面

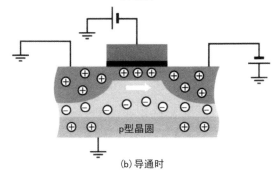

p型晶圆

(b)导通时

图 2　截止状态下 nMOS 三极管的泄漏电流

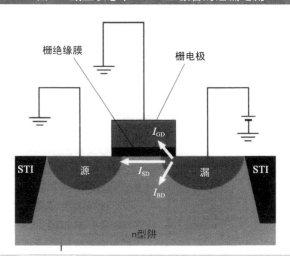

栅绝缘膜　　　栅电极

STI　源　　漏　STI

I_{GD}

I_{SD}

I_{BD}

n型阱

1.2 半导体硅材料
——集成电路的核心与基础
1.2.1 MOS型与双极结型晶体管的比较

集成电路按所使用的半导体材料，分为硅IC和化合物IC两大类。硅IC采用由单一元素构成的单晶，便于制作高纯度／大直径硅圆片（可采用拉制法、区熔法等），价格也比化合物IC便宜，物性稳定，利用热氧化可形成非常稳定的绝缘膜（SiO_2），利用微细加工技术可制取精细化图形，制作工艺已相当成熟。缺点是与化合物IC相比，电子迁移率低。硅IC主要用于存储器、微处理器、逻辑元件等一般的大规模集成电路（LSI）、超大规模集成电路（ULSI）。化合物IC中电子迁移率要比硅IC中快得多，但从技术、价格等方面看，前者要推广使用还存在不少问题。

硅IC可以分为MOS型和双极结型晶体管，二者都既可以用自由电子为载流子，又可以用空穴为载流子。MOS中有不同类型，如以电子（负：negative）为载流子的"nMOS"，以空穴（正：positive）为载流子的"pMOS"，还有由双方组合（complementary）而成的"互补金属氧化物半导体晶体管（CMOS）"等。图1给出三极管电流－电压（I-U）特性曲线。

双极结型晶体管与CMOS同样，利用正、负两种载流子，但由于比CMOS速度快，适合更高速的LSI。图2给出了CMOS型与双极结型的比较。

平常，一提IC往往给人以"数字式"的印象。实际上，因处理信号种类不同，也可以将IC分为"数字式"与"模拟式"两种形式。

根据以上分类就可以领略IC种类的繁多，但其中采用最普遍的还是"硅CMOS"，因此，后面还要进一步介绍其功能。

本节重点

（1）什么是CMOS？写出CMOS的英文名称。
（2）为什么在现代IC产业中多采用CMOS？
（3）了解以p型硅为基板的各种方式CMOS的断面结构。

图1　三极管的电流－电压（*I–U*）特性曲线

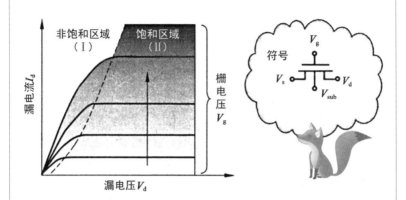

图2　CMOS型与双极结型的比较（硅半导体）

	CMOS 型	双极结型
优点	· 构造简单 · 易于实现微细化、高集成化 · 功耗小 · 价格便宜 · 通过微细化易于实现高速化	· 速度快 · 从高频率、低噪声、高放大倍数等方面考虑占有优势
缺点	· 与双极性型相比，一般速度比较慢 · 频率特性、噪声特性等较差	· 构造复杂 · 微细化、高集成化较难 · 价格高 · 功耗大
主要用途	· 存储器、微处理器、逻辑元件等	· 无线电传送等

1.2.2　CMOS 构造的断面模式图（p 型硅基板）

在 MOS 集成电路发展早期，人们发现数字电路中将 pMOS 与 nMOS 串联，则能够大大减小静态功耗，这种电路就是 CMOS 电路。最基本的 CMOS 结构是一种反相器，有着优异的电压传输特性，抗干扰能力极强，并且功耗只发生在高低电平转换的时候，这些优点使得 CMOS 在现代 IC 产业中有着重要的地位。

CMOS 需要将 pMOS 与 nMOS 同时放置在一个集成电路里，因此必须至少要有一种晶体管放在与衬底反型的阱里。如果衬底是 n 型的，那么 p 沟道金属－氧化物－半导体场效晶体管（MOSFET）就直接做在衬底上，同时需要形成 p 阱以制备 n 沟道 MOSFET。类似地，也可以采用 n 阱工艺来制作 CMOS。CMOS 的电流特性我们也要考虑，nMOS 和 pMOS 的驱动电流要求近似相等。阱是通过补偿掺杂得到，会降低其载流子的迁移率，同时电子迁移率比空穴迁移率要高，因此如果采用 p 阱工艺，在 p 阱中制作 n 沟道的 MOS 管，我们会得到驱动能力更加对称的 CMOS。然而我们一般采用 n 阱工艺来制作 CMOS，因为电路里多数 MOS 管为 n 沟道，需要 p 型衬底。

随着技术发展，人们对于性能更加完美的 CMOS 管有着更大的需求，因此采用了双阱甚至三阱工艺来制造 CMOS，保证 n 沟道的 MOSFET 和 p 沟道的 MOSFET 都能有最佳的性能。

本节重点

（1）指出 CMOS 型器件的优缺点及主要用途。
（2）指出双极结型器件的优缺点及主要用途。

CMOS 构造的断面模式图（p 型硅基板）

①单阱式（n阱一种）

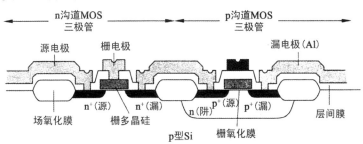

②双阱式（p阱与n阱两种）

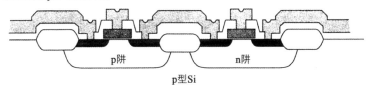

③三阱式（n阱内设p阱与单独n阱等三种）

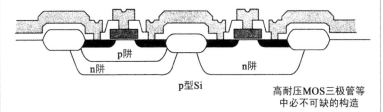

1.2.3　快闪存储器单元三极管"写入" "擦除""读取"的工作原理

　　快闪存储器单元三极管有很多种类，如图中所示的为基本的浮栅存储器件，这种器件实际上是一个有两层栅的 n 沟道 MOSFET。控制栅连接外部电路，浮栅没有外部连接。浮栅中的电子的泄漏非常慢，通常可以保存数十年，因此可以被用作存储元件。

　　浮栅存储期间的"读取"相对"写入"与"擦除"要简单且直接很多。"写入"与"擦除"一般需要比电源电压更高的电压。在很高的沟道电压下，电子达到速度饱和形成热载流子，较高的控制栅电压有效地收集热载流子，我们利用其高能的物理效应穿透绝缘膜完成"写入"。如果有更薄的绝缘膜，那么可以利用 Fowler–Nordheim（隧道效应）来实现"擦除"。通过在控制栅与源极之间加上较高的负电压，形成一部分垂直的电场，则电子会通过隧穿效应离开浮栅，完成"擦除"。

　　存储器芯片约占芯片市场的 1/3，主要分为易失存储器和非易失存储器，前者包括动态随机存取存储器（DRAM）和静态随机存取存储器（SRAM），后者主要包括快闪记忆体（NAND Flash）和闪存记忆体（NOR Flash）。DRAM 和 NAND Flash 是存储器的两大支柱产业，我国严重依赖进口。其中，NAND Flash 产品几乎全部来自国外，主要用在手机、固态硬盘和服务器。存储芯片对制造工艺要求较高，主要由韩国的三星、海力士和美国的美光等企业垄断。2016 年下半年开始，存储芯片价格暴涨，国内终端厂商苦不堪言。

　　目前，长江存储作为中国首个进入 NAND Flash 存储芯片的企业在 2018 年才实现小规模量产。到 2019 年，其 64 层 128GB 3D NAND Flash 存储芯片将进入规模研发阶段。长江存储员工称，今年将出的第一代产品技术相对落后，"主要为了技术积累，不是一个真正面向市场的量产产品。可能到明年我们第二代产品出来后，会根据市场需求量产"。

本节重点

（1）叙述快闪存储器单元三极管"写入"的工作原理。
（2）叙述快闪存储器单元三极管"读取"的工作原理。
（3）叙述快闪存储器单元三极管"擦除"的工作原理。

快闪存储器单元三极管"写入""擦除""读取"的工作原理

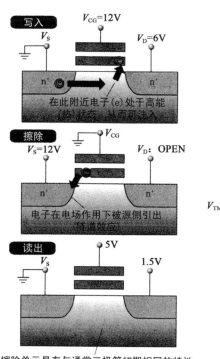

写入 $V_{CG}=12V$ V_S $V_D=6V$

在此附近电子(e)处于高能(热)状态,从而可写入

擦除 V_{CG} $V_S=12V$ V_D: OPEN

电子在电场作用下被源侧引出(隧道效应)

读出 V_S 5V 1.5V

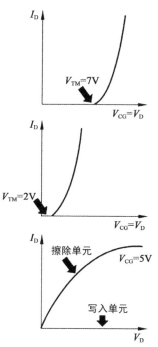

I_D $V_{TM}=7V$ $V_{CG}=V_D$

I_D $V_{TM}=2V$ $V_{CG}=V_D$

I_D 擦除单元 $V_{CG}=5V$ 写入单元 V_D

擦除单元具有与通常三极管初期相同的特性。写入单元在浮置栅极中电子负电荷的作用下,在栅极上施加的"正"电压被抵消,从而不能进行"写入"操作。

1.3　集成电路元件的分类

1.3.1　IC 的功能及类型

　　矿石收音机时代就已使用的二极管、三极管、电阻、电容等分立元件至今仍在生产、出售、使用。IC 中更是大量存在具有相同功能的元件，为与通常的分立元件相区别，称前者为"**半导体元件**"。

　　这些半导体元件，一般可以分成两大类：第一大类为有源元件（又称为能动元件、主动元件，这种称谓更科学），指在 IC 中具有使电气信号放大、变换等积极功能的元件，例如三极管、二极管等；第二大类为无源元件（又称为受动元件、被动元件，这种称谓更科学），指在 IC 芯片中起受动作用的元件，例如电阻、电容等。

　　这些半导体元件在 IC 中成千上万，数量很多，为对集成电路有初步了解，应该从以下几个方面考虑：①功能方面：该集成电路有哪些功能，起什么作用；②性能方面：运行速度、工作电压、功耗各是多少；③集成度方面：IC 中含有多少（数量级）半导体元件；④集成密度方面：半导体元件在芯片上挤得有多满，或说单位面积上装有多少半导体元件；⑤技术方面：为实现上述要求，采用了哪些技术。

　　首先，存储器 IC 的功能是存储记忆各种各样信息。其次，CPU 是指相当于计算机大脑的中央处理器。CPU 又分为 MPU（Microprocessor Unit）、MCU（Micro Controller Unit）以及处理器周边 IC。MPU 是在 CPU 部分仅装入一个 LSI 芯片构成的。MCU 比 MPU 做得更加紧凑，多用于家电等产品。**AS-IC**（Application Specific Integrated Circuit）区别于 CPU 更多为定制的，分为用户定制型和特殊用途型。其中的用户定制型又分为全用户定制型以及半用户定制型，半用户定制型分为门阵列型（GA）、标准单元阵列型。而特殊用户定制型有数字式音频应用型、图像处理应用型以及其他的应用。最后是系统 LSI，是指仅在一个芯片上同时装入多个前面所介绍的通用 IC 以及 LSI，以实现多种不同的系统功能，因此也可以称为 SoC（System on Chip），即单芯片系统。

本节重点
（1）介绍 IC 按材料和结构的分类。
（2）介绍 IC 按规模的分类。
（3）介绍 IC 从存储器到 CPU、系统 LSI 的发展。

IC 按材料和结构的分类

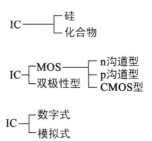

IC ┬─硅
　　└─化合物

IC ┬─MOS ┬─n沟道型
　　│　　　├─p沟道型
　　└─双极性型 └─CMOS型

IC ┬─数字式
　　└─模拟式

半导体集成电路（IC）的功能及按规模的分类（20 世纪 80 年代以前的分类法）

半导体元件 ┬ 主动元件　· 又称能动元件，国内习惯称有源元件。具有使电气信号放大、变换等积极功能的元件（例如：三极管、二极管等）。
　　　　　　└ 被动元件　· 又称受动元件，国内习惯称无源元件。用于存储电荷等，在IC电路中起受动作用的元件（例如：电容、电阻等）。

集成度的大小（每个IC上的元件数）

集成电路（IC）┬ SSI：100个以下
　　　　　　　├ MSI：100~1000个
　　　　　　　├ LSI：1000~10万个
　　　　　　　├ VLSI：10万~1000万个
　　　　　　　└ ULSI：1000万个以上

1.3.2　RAM 和 ROM

存储器的功能是存储或记忆各种各样的"信息"。

存储器按功能可分为易失性存储器（随机存储器）和不易失性存储器（只读存储器）两大类：前者切断电源则已存储的信息全部失掉；而后者即使切断电源已存储的信息也继续保持。

易失性存储器称为 RAM(Random Access Memory：随机存取存储器)，这种存储器可以随时写入或者随时读出新的信息。在 RAM 中又有 DRAM 和 SRAM 之分。

在 DRAM(Dynamic RAM：动态随机存取存储器)中存储的信息，即使电源不切断，经过一定的时间，记忆内容也会失掉。为此，在 DRAM 中，每经过一定的时间需要重复进行"再存入"（修复动作）操作。

与此相对，对于 SRAM(Static RAM：静态随机存取存储器)来说，只要电源不切断，记忆就继续保持。没有必要像 DRAM 那样进行"再存入"操作，因此使用方便，速度也快。

无论是 DRAM 还是 SRAM，都属于易失性存储器，电源一旦切断，记忆的内容就会失掉。与此相对，即使电源切断，内容仍能保持的**非易失性存储器**为 ROM。通常，单提到 ROM，是指**"掩模 ROM"**，其记忆的内容在 IC 制作时即已存入，以后不能更改，故只能进行"读出动作"，为只读性存储器。

与此相对，EPROM 在 IC 制造时处于"白纸"状态，必要的信息可以在以后记入。而且，经紫外线照射可消除记入的信息，但与 DRAM 相比要慢得多，消除时全部信息同时失掉。

EEPROM 也属于 ROM，其中信息可以以块为单位用电气方法进行消除，只是构造复杂，集成度难以提高。

集上述各种存储器的优点，近年来出现了快闪存储器 (FLASH Memory)。例如家庭用 ISDN(Integrated Services Digital Networks：综合服务数字网络系统)设备等，经一次设定，以后即使电源切断，也不会自动消除，显然快闪存储器等大有用武之地。

本节重点

(1) 介绍 CMOS 数字式 IC 的分类。
(2) 什么是易失性和不易失性存储器？分别包括哪些类型？
(3) 什么是快闪存储器？它有哪些特点和用途？

从存储器到 CPU、系统 LSI（CMOS 数字式 IC 的分类）

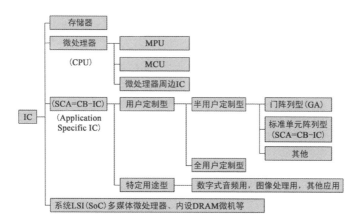

存储器 IC 按功能的分类

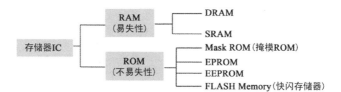

缩写的说明

RAM	: Random Access Memory（随机存取存储器）
DRAM	: Dynamic Random Access Memory（动态随机存取存储器）
SRAM	: Static Random Access Memory（静态随机存取存储器）
ROM	: Read Only Memory（只读存储器）
EPROM	: Erasable Programmable Read Only Memory（紫外线可擦除可编程只读存储器）
EEPROM	: Electrically Erasable Programmable Read Only Memory（电气可擦除可编程只读存储器）

1.3.3　半导体器件的分类方法

　　半导体器件有多种不同的分类方法。例如，按其结构有双极结型及 CMOS 型之分，按其功能有数字型及逻辑型之分等。在此，集半导体器件之大成，除了按集成度、基板构成、结构、功能分类之外，还按开发形态和生产形态进行分类，下表是对这些分类的汇总。

　　本章所述，采用了表中所示的**按基板构成分类**，主要讨论在硅基板内将所有元件都制作在其中的所谓**单片器件**，因此薄膜 IC、厚膜 IC 等**混合型器件**并不包含其中。

　　半导体制程中最令人头痛的问题是器件的构造区分。首先，双极型和 MOS 型在基本制作工艺上有很大差异，而 BiCMOS 的基本制作工艺更是与二者的不同。因此，不同工艺的整合必不可少。

　　在**按功能的分类**中，对于三极管（CMOS）来说，尽管**存储器、逻辑器件**等对其所要求的性能及对工艺所要求的精度多少有些差异，但只要处于同一**设计基准（特征线宽）**，其基本的加工技术内容大致上是相同的。但对于存储器来说，由于存储器特有的结构（电容器），需要考虑加入制作它的工艺流程。而且，在存储器、逻辑混载型器件（系统 LSI 及芯片上系统（System on Chip，SoC）中，既有采用三维电容器结构但不需要 2～3 层以上多层布线的存储器，又有不具有电容器结构而采用 2～3 层及以上多层布线的逻辑电路，因此工艺整合不可或缺。

　　在按器件的**开发形态**或**生产形态**的分类中，有半用户型器件（栅阵列等）。在这些器件中，预先在基板内完成三极管的工序及布置，再按用户所要求的回路在其上通过布线工序，实现芯片化。这种基板是预先做好三极管的，应要求实施布线即可出货。

　　关于生产形态，还要进一步考虑基础生产形态中工艺的模块化。这是由于，通过生产及工艺的通用化和标准化，可以降低价格，缩短工期。

本节重点

（1）半导体器件按结构和功能是如何分类的？
（2）半导体器件按开发形态是如何分类的？
（3）半导体器件按生产形态是如何分类的？

半导体器件的各种不同分类

按集成度分类 "三极管和IC"	· 分立半导体器件：三极管、二极管等 · 集成电路（IC） 　　├─ 小规模集成电路（SSI）：＜100 元件/芯片 　　├─ 中规模集成电路（MSI）：100~1000 元件/芯片 　　├─ 大规模集成电路（LSI）：1000~100000 元件/芯片 　　└─ 超大规模集成电路（VLSI）：＞100000元件/芯片
按基板构成分类 "单片型和混合型"	· 单片式IC ┬ 硅基板 　　　　　　　└ SOI基板 · 混合式IC ┬ 厚膜IC 　　　　　　　└ 薄膜IC · 利用SOI基板的器件
按结构分类 "MOS型和双极结型"	· 双极结型器件 ┬ npn 结构 　　　　　　　　　└ pnp 结构 · MOS型器件 ┬ nMOS 结构 　　　　　　　├ pMOS 结构 　　　　　　　└ CMOS 结构 · BiCMOS型器件：双极结型和CMOS型混载
按功能分类 "数字型和逻辑型"	· 数字用器件 　├ 存储器 ┬ RAM：DRAM, SRAM, FRAM（FeRAM） 　│　　　　 └ ROM：EPROM, EEPROM,掩模ROM, FLASH存储器 　├ 逻辑 ┬ MPU 　│　　　 └ 通用逻辑 　└ 存储器·逻辑混载──系统LSI（芯片上系统，SoC） · 模拟用器件──民生用，产业用 · 数字·模拟混载器件
按开发形态分类 "标准型和用户型"	· 标准（通用）器件──存储器，MPU，通用逻辑等 · 用户专用型器件──ASIC（全用户型规格样式） · 半用户型器件──栅阵列，PLA，独立知识产权IC等
按生产形态分类 "多品种少量和少品种多量"	· 多品种少量生产方式器件──ASIC，用户型IC，逻辑IC · 少品种多量生产方式器件──存储器，MPU等 · 受托生产方式器件──照样复制

1.4 半导体器件的制作工艺流程
1.4.1 前道工艺和后道工艺

从硅圆片制成一个一个的半导体器件，按大工序可分为**前道工艺**（Front End Of the Line，FEOL，又称前端工艺）和**后道工艺**（Back End Of the Line，BEOL，又称后端工艺）。图中表示半导体器件制作从前道工艺到后道工艺的工艺流程。

前道工艺的最终目的是"在硅圆片上制作出 IC 电路"，其中包括 300～400 道工序。按其工艺性质可分为下述几大类：形成各种薄膜材料的"**成膜工艺**"；在薄膜上形成图案并刻蚀，加工成确定形状的"**光刻工艺**"；在硅中掺杂微量导电性杂质的"**杂质掺杂工艺**"等。

前道工艺与后道工艺的分界线是划片、裂片。后道工艺包括切分硅圆片成芯片，把合格的芯片**固定**（mount）在**引线框架**的中央岛上，将芯片上的电极与引线框架上的电极用细金丝**键合连接**（bonding）。

进一步，为起保护作用，要把芯片封入模压塑封料中，按印标示品名、型号、电镀引线，切分引线框架成一个一个的 IC，把引线加工成各种各样的形状。如此做成的芯片要按 IC 制品规格分类，检测可靠性，出厂前最终检查，作为最初制品到此全部结束。这便是半导体 IC 器件的全制程。

芯片的诞生分三个步骤，分别是设计、制作和封装，难度依次减弱。现在全球芯片设计基本集中在美国，制作集中在中国台湾地区和韩国，中国大陆大部分承担的是封装工作，也就是把芯片装到板上销售。可以说，在芯片的电路设计这个领域，中国的竞争力远不如美国和韩国。

这些年来，我国通信产业发展迅速，芯片自给率不断提升。华为的麒麟芯片不断追赶世界先进水平，龙芯可以和北斗一起飞上太空，而蓝牙音箱、机顶盒等日用品也在大量使用国产芯片。但也要看到，在大容量、多功能、稳定性和可靠性要求更高的通信、军事等领域，国产芯片还有较大差距。

本节重点

（1）何谓"前道工艺"和"后道工艺"？二者的分界线在哪里？
（2）前道工艺包括哪些具体工序？
（3）后道工艺包括哪些具体工序？

半导体器件制作的工艺流程——晶圆制造工艺、前道工艺和后道工艺

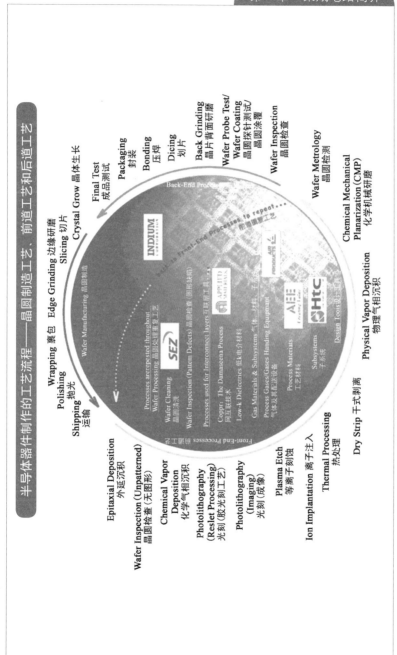

Wrapping 裹包
Polishing 抛光
Shipping 运输
Edge Grinding 边缘研磨
Slicing 切片
Crystal Grow 晶体生长
Final Test 成品测试
Packaging 封装
Bonding 压焊
Dicing 划片
Back Grinding 晶片背面研磨
Wafer Probe Test/ 晶圆探针测试
Wafer Coating 晶圆涂覆
Wafer Inspection 晶圆检查
Wafer Metrology 晶圆检测
Chemical Mechanical Planarization (CMP) 化学机械研磨
Physical Vapor Deposition 物理气相沉积
Dry Strip 干式剥离
Thermal Processing 热处理
Ion Implantation 离子注入
Plasma Etch 等离子刻蚀
Photolithography (Imaging) 光刻 (成像)
Photolithography (Reslet Processing) 光刻 (胶光刻工艺)
Chemical Vapor Deposition 化学气相沉积
Wafer Inspection (Unpatterned) 晶圆检查 (无图形)
Epitaxial Deposition 外延沉积

Back-End Processes 后道工艺
Front-End Processes 前道工艺
Wafer Manufacturing 晶圆制造
Processes are repeated throughout
Wafer Processing 晶圆处理重复工艺
Scale-to Front-End Processes to repeat....

Wafer Cleaning 晶圆清洗
Wafer Inspection (Pattern Defects) 晶圆检查 (图形缺陷)
Processes used for Interconnect layers 互联层工艺
Copprr: The Damascena Process 阿镶技术
Low-k Dielectrics 低k电介材料
Gas Materials & Subsystems 气体、材料、工艺
Process Gases/Gases Handing Equipment 气体及其配送设备
Process Materials 工艺材料
Subsystems 子系统
Design Tools 设计工具

INDIUM
SEZ
Htc
AEE

1.4.2　IC 芯片制造工艺流程简介

芯片是怎么被造出来的？为什么制造芯片难度那么大？要了解这些问题，可看下图所示用于 IC 制造的全工艺流程。

众所周知，只要是电子产品，就离不开芯片。芯片通常分为两种：一种是功能芯片，比如我们常说的中央处理器（CPU），就是带有计算功能的芯片；另一种就是存储芯片，比如计算机里的闪存（FLASH），是一种能储存信息的芯片。

这两种芯片，本质上都要用到载有集成电路的硅圆片。设计难，制作也不简单。我们来看具体过程。首先，需要提取纯硅，就是把二氧化硅（通俗地讲是沙子）还原成工业硅，经提纯、拉制成单晶硅棒，把硅棒切片，就得到了硅圆片——这相当于芯片的地基。就是这个"简单的"步骤，我们做得也不够好，表现为晶圆纯度、内部缺陷、应力、翘曲度等都有差距，从而影响芯片最终的良率。人们都愿意花高价买高质量的硅圆片，从而获得最终芯片的高良率，而不愿意花低价买低质量的硅圆片，因为会导致最终芯片的低良率。我国生产的硅圆片打不开国际市场就是凭证。

有了硅圆片后，就要在上面涂上一层胶，名为"光刻胶"。这是一种感光胶状物，当用紫外线加透镜去照射某一个部位时，胶面会发生变化，显影后形成电路图形，之后利用化学原理进行腐蚀，光照过的部分就会被腐蚀掉，留下凹槽。此时，往凹槽里添加硼、磷等介质，就会出现一个半导体或者电容。依此类推，我们再涂一层胶，再照射，再腐蚀，再掺入……不断重复，像搭房子一样搭出一个复杂的集成电路，也就是芯片的核心部分。

然而，以上说的只是光刻技术的基本原理，实际操作起来要复杂得多，还会涉及波长等问题。光刻最主要的器械就是光刻机，这项技术长期被荷兰、日本、德国垄断，一台机器要花七八亿元人民币，而且他们只优先提供给中国台湾、韩国等地的大客户。中国大陆也有自己的光刻机，但是与世界先进水平相比，差距还很大。

本节重点

（1）IC 芯片从功能上分为哪两种类型？各举出两个实例。
（2）为什么芯片厂商宁愿高价购买高质量硅圆片而不愿低价购买低质量硅圆片？
（3）简述芯片上电路图形的形成步骤。

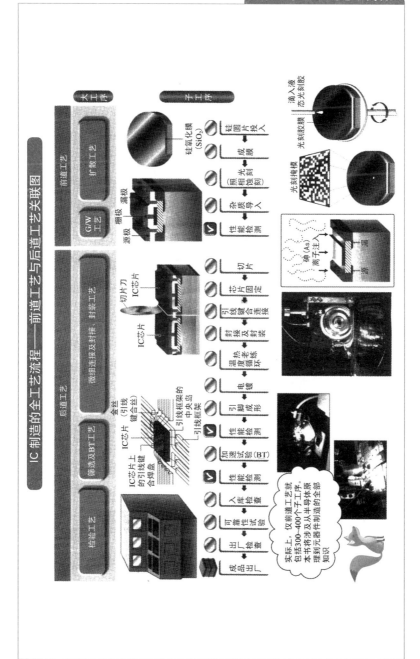

书角茶桌

集成电路发展史上的十大里程碑事件

1. 1947 年，美国贝尔实验室的巴丁（J.Bardeen）、布拉顿（W.Brattain）、肖克莱（W.Shockley）三人发明了晶体管，获 1956 年诺贝尔物理学奖。

巴丁和布拉顿在研发晶体管的过程中将钨丝电极移到金粒的旁边，加上负电压，而在金粒上加了正电压，突然间，在输出端出现了和输入端变化相反的信号。初步测试的结果显示：电压放大倍数为 2，上限频率可达 1 万 Hz。此后的几天，他们把试验装置进行了改进，测得的功率增益为大于 18。他们将此器件命名为 Transistor。从此人类步入了飞速发展的电子时代。这是微电子技术发展历程中第一个里程碑。

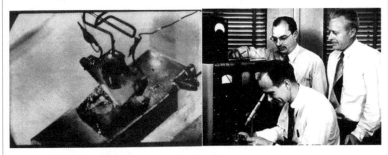

世界上第一颗晶体管（左图）及其发明者（右图）

世界上第一颗锗点接触式晶体管诞生两年之后，肖克莱首次提出了晶体管理论。1953 年，出现了锗合金晶体管。1954 年 1 月，贝尔实验室的化学家 Morris Tanenbaum 利用摩根·斯巴克斯和戈登·蒂尔的生长界面成分变化技术，成功制造了第一个硅晶体管。

晶体管的发明代表了信息科学基础之一的微电子学与技术的诞生，是在应用需求推动下，理论和技术发展结合产生的典型代表。

2. 1958 年，德州仪器的杰克·基尔比（Jack Kilby，被誉为"集成电路之父"）展示了第一款集成电路。他于 2000 年获诺贝尔物理学奖。

20 世纪 50 年代，晶体管已得到了一定的发展。人们已经可以用硅做出分立的电阻、电容、二极管和三极管。受聘于 TI 公司的工程师 Jack Kilby 认为，既然能用单一材料硅制作这些分立器件，就能把这些器件做在一起。所以，1958 年 9 月 12 日，

Jack Kilby 借助已有的几种锗器件,把金属蒸镀在锗管的"发射极"和"基极"上, 再用蚀刻技术做成接触点, 然后连接起来, 制成了世界上第一块集成电路。

尽管该装置相当粗略, 但是当 Jack Kilby 按下开关, 示波器显示屏上却赫然出现了不间断的正弦波形。试验证明他的发明成功了, 他彻底解决了此前一直悬而未决的问题。Jack Kilby 在 1976 年发表的文章《集成电路的诞生》中写道: "细想之后, 我发现我们真正需要的其实就是半导体, 具体来说, 就是电阻器和电容器 (无源元件) 可以采用与有源元件 (晶体管) 相同的材料制造。我还意识到, 既然所有元件都可以用同一块材料制造, 那么这些元件也可以先在同一块材料上就地制造, 再相互连接, 最终形成完整的电路。" Jack Kilby 在锗 (Ge) 衬底上用键合的方法制备了由 1T、3R、1C 构成的集成电路。

实际上, 仙童公司 (Fairchild) 的诺伊斯 (R.N.Noyce) 也几乎在同时发明了集成电路。就是这项在首先发明权上至今仍存在争议的发明, 造就了年产值数千亿美元的巨大市场。

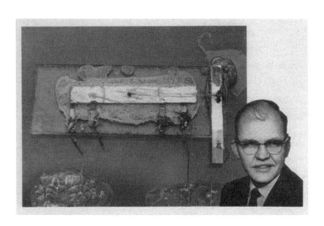

世界上第一款集成电路及其发明者
(1958, Jack Kilby)

集成电路的发明是应用需求和技术发展及创新思想共同作用的结果, 开启了以微电子技术为基础的计算机和信息技术迅猛发展的新篇章。

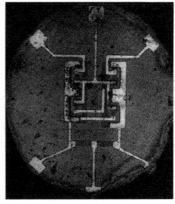

第一块单片集成电路：在 Si 衬底上制备了真正的
集成电路（1959, R. N. Noyce）

实际上，19 世纪初英国科学家就提出了集成电路的思想，
但人们仍然把集成电路的发明归功于 Kilby，说明创新除了要有
新的思想，还要有必备的技术基础和实现力做支撑。

3. 平面加工工艺（光刻）的发明（1957年）和摩尔定律的提出（1965年）

1957 年，美国 DOF 实验室首先将光刻技术引入到半导体
技术中，为集成电路技术和产业按照摩尔定律发展奠定了基础。

仙童公司的 Noyce 将光刻技术和 SiO_2 巧妙结合起来，实现
了精细晶体管和集成电路图形结构，由此导致了平面工艺的诞生。

光刻技术是集成电路制造中利用光学－化学反应原理和化
学、物理刻蚀方法，将电路图形传递到单晶表面或介质层上，形
成有效图形窗口或功能图形的工艺技术。从 1960 年开始，光刻
法被用于在 Si 上制作大量的微小晶体管，当时分辨力为 5 μm，
如今除可见光光刻之外，更出现了 X 射线和荷电粒子刻画等更高
分辨率方法。光刻是集成电路制造过程中的关键环节。目前国内
自主研发芯片的困境便主要来源于高质量光刻设备的缺乏。

1959 年 7 月，Noyce 研究出一种二氧化硅的扩散技术和
pn 结的隔离技术，并创造性地在氧化膜上制作出精细的铝膜连
线，使元件和导线合成一体，从而为半导体集成电路的平面制作
工艺、为工业大批量生产奠定了坚实的基础。与 Kilby 在锗晶片
上研制集成电路不同，Noyce 直接盯住硅——地球上含量最丰富

的元素之一，商业化价值更大，成本更低。自此大量的半导体器件被制造并商用，风险投资开始出现，半导体初创公司涌现，数量更多、功能更强、结构更复杂的集成电路被发明，半导体产业由"发明时代"进入了"商用时代"。

1965 年 4 月 19 日，Intel 公司创始人之一，时任仙童公司研究部主任的 Gordon E. Moore 在《电子学》杂志（Electronics Magazine）发表《让集成电路填满更多的组件》的文章，预言半导体芯片上集成的晶体管和电阻数量将每年增加一倍，提出著名的摩尔定律。其重要意义在于，长期而言，IC 制程技术会以直线改善的方式向前推展，使得 IC 产品能持续降低成本，提升性能，增加功能。摩尔定律用于描述产业化而非物理学定律，今后会继续有效。

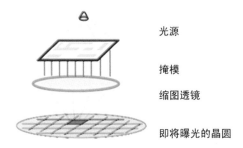

4. 1960 年，MOS FET 器件发明；1963 年，COMS（互补金属氧化物半导体）技术被提出；1966 年，美国 RCA 公司研制出 CMOS 集成电路，并研制出第一块门阵列（50 门）。

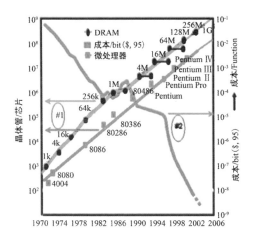

1960 年，贝尔实验室的 Kahng 和 Atalla 制备出了第一支 MOS 场效应晶体管 (MOSFET)；1963 年，任职于仙童公司的工程师 F.M.Wanlass 和 C.T.Sah 首次提出 CMOS 技术，由低功耗、高效率的 CMOS 替代了传统的 TTL (Transistor-to-Transistor Logic, 晶体管－晶体管逻辑) 电路。如今，95% 以上的集成电路芯片都是基于 CMOS 工艺，可以说没有 CMOS，就没有之后整个集成电路的发展。

　　早期的 CMOS 元件虽然功耗比常见的 TTL 电路要低，但因为工作速度较慢，所以大多数应用 CMOS 的场合都和降低功耗、延长电池使用时间有关，例如电子表。不过经过长期的研究与改良，如今的 CMOS 元件无论在可集成的面积、工作速度、功耗，还是在制造的成本上看，都比当时另外一种主流的半导体制程 BJT (Bipolar Junction Transistor, 双极结型晶体管) 有优势，很多在 BJT 无法实现或是成本太高的设计，利用 CMOS 皆可迎刃而解。

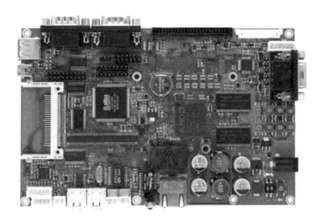

　　1966 年，美国 RCA 公司研制出 CMOS 集成电路，并研制出第一块门阵列 (50 门)。

　　1967 年 ,A.S.Grove, C.T.Sah, E.H.Snow, B.E.Deal 等合作，基本搞清了 $Si\text{-}SiO_2$ 系统的四种电荷的性质，为 MOS 器件的应用奠定了必要的理论基础。

　　CMOS 集成电路因为具有功耗低、输入阻抗高、噪声容限高、电源电压范围宽、输出电压幅度与电源电压接近、对称的传输延迟和跃迁时间等优点，所以发展极为迅速。CMOS 集成电路的问世开创了微功耗电子学的先河，为如今的大规模集成电路发展奠定了坚实基础，具有里程碑意义。

5. 1967 年，DRAM（动态随机存取存储器）发明；1971 年，全球第一款微处理器 4004 由 Intel 公司推出。

1966 年，Dennard 在客厅沙发上灵感闪现，提出了 DRAM 的想法。他的 MOS 项目非常有希望，但相当复杂，因为每一比特的信息需要使用六个晶体。于是，他利用业余时间研究自己的新想法，并且最终找到了通过存取晶体管将电荷写入电容，然后通过同一个晶体管读出的替代方法。1967 年，Dennard 和 IBM 公司针对他的"单晶体管动态随机存取存储器"(DRAM) 申请了专利。DRAM 的简单性、低成本和低功耗与第一款低成本微处理器相结合，开启了小型个人电脑的时代。

在一块芯片上集成的元件数超过 10 万个，或门电路数超过万门的集成电路，称为超大规模集成电路。1988 年，16M DRAM 问世，在 $1cm^2$ 大小的硅片上集成有 3500 万个晶体管，标志着进入超大规模集成电路（VLSI）阶段。超大规模集成电路研制成功，是微电子技术的一次飞跃，大大推动了电子技术的进步，从而带动了军事技术和民用技术的发展。

20 世纪 60 年代随着集成电路的发明和应用，一场制造轻便桌面计算器的竞赛揭开了帷幕。那时，半导体产业的研究者已普遍意识到，用新的 MOS 技术来创建一个包含多种功能的芯片在理论上是可行的。短短几年后，Intel 公司便于 1971 年成功地研制出实际上第一款微处理器 4004，由 2300 个晶体管构成了一款包括运算器、控制器在内的可编程序运算芯片。使得微处理器成为继晶体管、集成电路后的又一重大发明。可以说，中央处理单元的发明与应用改变了整个世界的科技发展，掀起了一场新的技术革命。

Intel 4004 微处理器是世界上第一款商用计算机微处理器，它是"一件划时代的作品"。它在单片内集成了 2250 个晶体管，晶体管之间的距离是 $10\mu m$，能够处理 4bit 的数据，每秒运算 6 万次，运行的频率为 108kHz，成本不到 100 美元。Intel 公司的首席执行官戈登·摩尔将 4004 称为"人类历史上最具革新性的产品之一"。

（以下仅列出其他里程碑事件的名称，具体内容请见本书后面的相关章节）

6. 铜互联技术发明（1977 年）。

7. 浸没式光刻技术发明（2002 年）。

8. 多晶硅栅／high-k 基 MOS 管和金属栅／high-k 基 MOS 管发明（1971 年）。

9. 浮栅（Floating Gate）存储器件发明（1971 年）。

10. 新型 RRAM 存储器件发明。

第2章

从硅石到晶圆

书角茶桌

　　"硅是上帝赐予人类的宝物"

2.1 半导体硅材料
2.1.1 硅是目前最重要的半导体材料

作为半导体材料，使用最多的是硅 (Si)，其在地球表面的元素中储量仅次于氧，排行第二。在路边随手捡起一块石头，里面就含有相当量的硅。可惜的是，这种硅并不是硅单质，而是与氧结合在一起而存在的。要想用于半导体，首先应使二者分离，制成单质硅。

所谓**单晶**，是指原子在三维空间中呈规则有序排列的结构，其中体积最小且对称性高的最小重复单元称为**晶胞**。换句话说，单晶是由晶胞在三维空间中周期性堆砌而成的。

图 1 给出 Si 原子的核外电子排布、结合键以及载流子迁移率等参数。单晶硅与金刚石 (C)、锗 (Ge) 都具有 "金刚石结构"（图 2），每个晶胞中含有 8 个原子。硅单晶中，每个硅原子与其周围的 4 个硅原子构成 4 个共价键，因此晶体结构十分稳定。

硅原子会形成 4 个共价键，这是由硅的化学本性，或说在周期表中的位置决定的。硅的原子序数是 14，在元素周期表中位于第 IV 族，硅原子有 14 个电子，最外壳层有 4 个电子。因此，硅在与其他元素形成共价键时，表现为 4 价，这便是硅稳定性的原因。硅通过掺杂 3 价的 B 可以形成 p 型半导体，通过掺杂 5 价的 P 可以形成 n 型半导体。特别是硅可以通过简单的方法进行氧化得到的氧化硅膜具有良好的绝缘性。

地壳中含硅量约为 27.72%。这种 "不稀罕的元素" 在集成电路中却大有用武之地，真可谓 "天赐之物"！自半导体集成电路发明以来，硅作为不可替代材料的基础地位一直未发生动摇，今后也不会发生动摇。近年来光伏发电产业的兴起，进一步凸显了硅材料的重要性。

本节重点

（1）硅单晶属于何种晶系、何种点阵、何种结构？
（2）由硅的本征半导体如何变成 p 型半导体和 N 型半导体？
（3）如何理解"硅是上帝赐予人类的宝物"？

图 1　Si 的原子及结合键

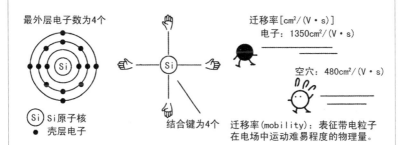

最外层电子数为4个

Si Si原子核
● 壳层电子

结合键为4个

迁移率[cm²/(V·s)]
电子：1350cm²/(V·s)

空穴：480cm²/(V·s)

迁移率(mobility)：表征带电粒子
在电场中运动难易程度的物理量。

图 2　Si 的晶体结构

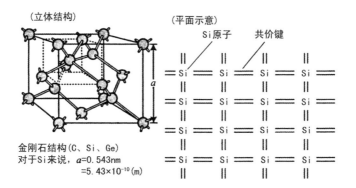

（立体结构）

金刚石结构(C、Si、Ge)
对于Si来说，a=0.543nm
$=5.43×10^{-10}$(m)

（平面示意）

Si原子　　共价键

2.1.2 单晶硅中的晶体缺陷

即使在规则排列的单晶硅中,源于石英坩埚的氧及碳等杂质,在实际的单晶中,仍然存在着这样或那样的不规则性,称其为**晶格缺陷**。晶格缺陷分为**点缺陷、线缺陷、面缺陷**。

点缺陷结构简单,其中包括由外部进入晶格的金属杂质原子,由规则格点失去原子而形成的空位,由于离位原子进入晶格间隙而形成的晶格间隙原子等。在 CZ 法拉制的单晶中,由于溶入来源于高温状态石英坩埚中的氧,在单晶拉制后的冷却过程中成为过饱和状态而残存于晶体内,并变为点缺陷。这种硅单晶内的点缺陷的种类如图 (d) 所示。

对器件特性产生重大影响的晶格缺陷是**位错**和**堆垛层错**。位错是一种线缺陷,是由外加应力作用下,某些晶面上下的两部分晶体发生局部相对滑移而产生的。根据局部滑移方向与位错线之间的关系,位错有**刃型、螺型**及**混合型位错**之分。

面缺陷中有**孪晶界面**和**堆垛层错**等。特别是堆垛层错,属于在氧化和热处理等过程中发生的缺陷,表现为最密排的 (111) 面堆垛中插入或抽出一层,由于密排面的堆垛次序发生变化,从而产生不连续性。即使是高品质的晶圆,在初期阶段或器件制造过程中也都会发生各种各样的缺陷。

例如,在三极管的制作过程中,必须要对晶圆进行各种热处理。对于厚度极薄而面积很大的晶圆来说,温度分布的些许偏差和受力的不均匀(即使自重也会使然)都会产生热应力、弯曲应力及翘曲等。在高温下,这些应力、应变会使晶圆发生局部滑移,产生位错等。

对上述这些晶体缺陷的控制极为重要,基于长期实践经验的积累和现场错误的总结,是各个厂商的高度的技术秘密。

(1) 指出单晶硅、多晶硅、非晶硅的差异。
(2) 在硅单晶中存在哪些缺陷?它们对硅材料会有哪些影响?
(3) 这些缺陷是如何造成的?如何控制和消除?

结晶硅的原子排列及晶体缺陷

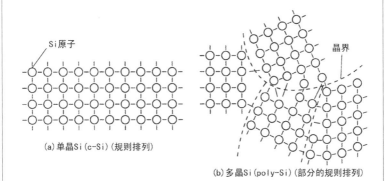

(a) 单晶Si (c-Si) (规则排列)

(b) 多晶Si (poly-Si) (部分的规则排列)

(c) 单晶硅的透射电镜 (TEM) 照片

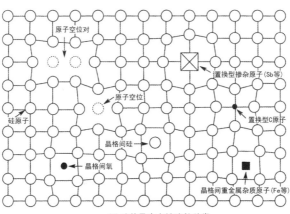

(d) 硅单晶中点缺陷的种类

2.1.3　pn 结中杂质的能级

　　宏观半导体材料中，自由载流子的数目是相当大的，因而通常可以用统计力学的定律来描述。考虑泡利（Pauli）**不相容原理**，热平衡时电子的分布满足费米－狄拉克（Fermi-Dirac）**分布**。其中 E_f 为**费米能级**，是一个参考能级。该分布函数描述能量为 E 的能级被电子占据的概率。而整个系统中的费米能量必须具有统一的值，以保证热平衡时电子传输要求达到平衡。

　　未掺杂的**本征半导体**的费米能级位于禁带中央。当掺入施主杂质或者受主杂质时，费米能级的位置发生变化，费米能级相对于导带和价带的位置与掺杂浓度有关。n 型半导体的费米能级 E_{fn}，更靠近导带 E_c。p 型半导体的费米能级 E_{fp}，更靠近价带 E_v。当两种不同掺杂类型的半导体相接触时，两部分半导体整体的费米能级趋于一致，而远离过渡区域的部分各个能级相对位置保持不变，与原有掺杂情况下的能级分布保持一致，因为禁带宽度为常数 E_g，所以在过渡区附近导带和价带随位置变化而发生变化（图 1）。由于导带与价带随位置的变化，电场强度为电势对位置的微分，由此产生内建电场，其方向为由 n 型半导体指向 p 型半导体。载流子在电场的作用下运动，直到新的电荷分布使系统达到平衡。

　　表 1 给出了主要半导体的物性值。

本节重点
（1）硅中掺入施主杂质或者受主杂质，费米能级会发生什么变化？
（2）解释两种不同掺杂类型半导体接触时产生内建电场的原因。
（3）给出热导率、载流子迁移率的定义，写出其单位。

图 1　pn 结中杂质的能级

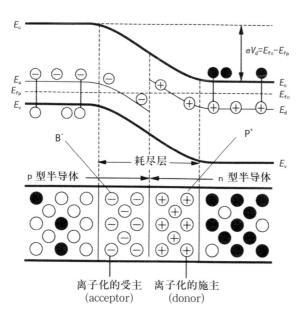

离子化的受主　离子化的施主
(acceptor)　　(donor)

表 1　主要半导体的物性值

单晶体	熔点 /℃	禁带宽度 /eV	载流子迁移率 / [cm²/ (V·s)]		热导率 / [W/ (cm·K)]	相对 介电常数
			电子	空穴		
C	3500	5.6	1800	1500	2	5.5
Si	1412	1.11	1300	500	1.13	12
Ge	959	0.67	3800	1800	0.63	16.3
GaAs	1237	1.4	8500	420	0.37	12
InP	1062	1.29	4600	150	0.5	11

2.1.4 按电阻对绝缘体、半导体、导体的分类

"半导体"这个词现在似乎无人不知、无人不晓，但仔细琢磨一下，其中却大有文章。铜导线等能顺利导电的物质称为"导体"；相反，玻璃杯等不导电的物质称为"绝缘体"；性质介于二者之间的称为"半导体"。

物质不同，通过电流的难易程度之所以存在差别，在于物质的"电阻的大小"不同。电阻越大，电流越难通过；电阻越小，电流越容易顺利通过。

粗略地讲，根据各种物质电阻大小的不同可将其分为导体、半导体和绝缘体。应该指出的是，两块相同的材料，做成不同形状其电阻会有很大差别。因此，若用电阻率而非电阻进行考查，则电阻率仅由材料本身决定。

如图1中所看到的，同属于半导体，但其电阻率却分布在 10^{13} 倍的宽广范围内，这是半导体材料的主要特征之一。

为什么半导体的电阻率存在如此之大的差别呢？

这是因为，即使同为半导体，其所处的状态不同，电阻率会发生很大的变化。例如，在几乎完全不含杂质（本征半导体）、原子呈规则排列的单晶状态下，电阻率就会相当高。也就是说，电流几乎不能通过。

然而，在相同的半导体物质中，哪怕是添加极微量的杂质（掺杂半导体），其原有的高电阻率也会急剧下降。由此，电流会较方便地通过其中。

除了是否含有杂质之外，在半导体中还有由单一元素构成的"元素半导体"，由两种以上元素的化合物构成的"化合物半导体"，以及由某些金属氧化物构成的"氧化物半导体"等各种类型（见图1、图2）。

认为"半导体就是硅"的人恐怕不少。实际上半导体材料有很多种类，可按不同的使用要求，合理选择。

本节重点
(1) 给出电阻率的单位，按电阻率对绝缘体、半导体、导体作分类。
(2) 什么是本证半导体？什么是掺杂半导体？各给出3个实例。
(3) 什么是元素半导体、化合物和氧化物半导体？各给出3个实例。

图 1 按电阻率对绝缘体、半导体、导体的分类

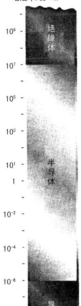

电阻率/Ω·m

10^9
10^7
10^5
10^3
10^1
1
10^{-2}
10^{-4}
10^{-6}
10^{-8}

绝缘体　玻璃、天然橡胶
陶瓷、油
塑料、棉布、丝绸
石蜡、云母……

半导体

导体　金,银,铜,铝
铁,铬,钼,钨……

对下面的①、②、③做对比,
从材料制作的方便性、实现大
单晶、价格便宜等角度看,
①>②>③
但从电子迁移率的角度做对
比,②和③占优势。

本征半导体

几乎完全不含杂质,
仅由纯正的元素
形成的半导体

掺杂半导体

在本征半导体中微量
添加某种元素形成的
半导体。由于杂质添
加而显示出与本征半
导体完全不同的各种
特性

①元素半导体

硅(Si) 硒(Se)
锗(Ge) 碲(Te)
锡(Sn)

②化合物半导体

GaAs, GaP, GaSb
AlN, AlP, AlAs, AlSb
InP, InAs, InSb
ZnS, ZnSe, ZnTe
CdS, CdSe, CdTe
AlGaAs, GaInAs, AlInAs
AlGaInAs

③氧化物半导体

SnO_2, ZnO, Fe_2O_3, V_2O_5
TiO_2, NiO, Cr_2O_3, Cu_2O
MnO_2, MnO

图 2 主要半导体材料的典型晶体结构

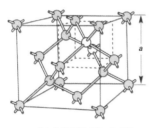

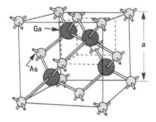

(a) 金刚石型（Si、Ge 等）　　　(b) 闪锌矿型（GaAs、GaN）

2.2 从硅石到金属硅，再到 99.999999999% 的高纯硅

2.2.1 从晶石原料到半导体元器件的制程

图中所示为从金属硅（冶金级硅）到电子元器件的制程。

多晶硅产业链是指从硅石中冶炼金属硅开始，经过一系列的物理或化学方法提纯为一定纯度的多晶硅后，向半导体集成电路、器件产业和太阳能光伏产业及应用不断延伸的产业链。而多晶硅材料是多晶硅产业链中一个极为重要的中间产品，是制造硅抛光片、太阳电池及高纯硅制品的主要原料，也是发展信息产业和新能源产业的重要基石。

按照下游应用领域，硅材料产业链可划分为两大分支：一个分支是以半导体硅材料制程为主链的工艺路线，最后制出集成电路、器件（IC 封装等），它属半导体产业领域；另一分支是以多晶硅基（或单晶硅基）太阳能电池制程为主链的工艺路线，最后制出太阳能电池组件，它属光伏产业领域。两大分支在中间产品、技术、市场特点等方面有相似之处，也有差别。

2015 年，世界半导体级多晶硅的需求量达到 6 万吨以上，区熔硅单晶的市场规模约为 6500 吨；我国半导体级多晶硅的需求量超过 3500 吨，区熔硅单晶也达到约 500 吨。到 2020 年，各类市场前景将更加乐观，我国电子级多晶硅预计将达到 1.5 万吨左右的规模。

国外硅半导体的主要企业及研发机构包括：美国 Hemlock、MEMC，日本 Tokuyama，德国 Wacker，韩国 OCI 公司等。这几家公司占据着硅半导体市场规模的 70% ~ 80%。

近年在发展多晶硅产业链中，是十分注重多晶硅所产生的副产物的综合利用的问题，发展它的副产物的产业链同样有广阔的发展前景与经济效益。多晶硅生产中的副产品主要有氯化钙、四氯化硅、气相二氧化硅等。国外已出现许多利用副产品获得可观的产业化成果。它不但对环境保护、综合利用工作有好的效果，而且在经济效益上有很高的价值。

本节重点

（1）按图说明从金属硅（冶金级硅）到电子元器件的制程。

（2）了解世界多晶硅及单晶硅的产业发展及市场需求。

从硅石原料到半导体元器件的制程

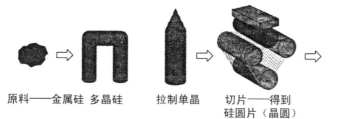

原料——金属硅 多晶硅　　拉制单晶　　切片——得到
　　　　　　　　　　　　　　　　　　　硅圆片（晶圆）

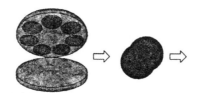

研磨抛光——抛光片 晶圆外延——外延片

氧化、扩散、薄膜形成

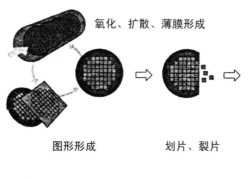

图形形成　　　　　　划片、裂片

固晶、连线　　树脂封装　　完成元器件

2.2.2　从硅石还原为金属硅

　　由天然硅石和硅砂制作单晶硅圆片（晶圆），一般按下述简写的工艺步骤进行：硅石、硅砂→二氧化硅→冶金级硅（简称金属硅）→高纯多晶硅→拉制单晶硅→单晶棒切割成硅圆片→硅圆片研磨（抛光）→抛光硅圆片。

　　在半导体技术领域，一般称二氧化硅为 silica，以示与化学法制作的二氧化硅的区别。另外，硅对应的英文词是 silicon，不要与 silica 相混淆。自然界的硅通常以硅石（主要成分为 SiO_2）或硅酸盐的形式存在。但从硅石变成硅圆片绝不是一件容易的事。硅石中硅与氧的结合键很强，因此首先要在电弧炉中将硅石熔化，用碳或石墨使硅还原（图1），首先制成纯度大约为98％的还原"金属硅"（冶金级单质硅）。硅石还原需要大量的能量，可以想象，制造金属硅所需的电力，与制造金属铝所需的电力不相上下。

　　硅石还原反应的化学方程式为

$$SiO_2+2C（焦炭等）\longrightarrow Si+2CO \uparrow \qquad (2-1)$$

　　为引发该反应的发生，炉内要加热至1500℃以上。这样得到的冶金级硅中由于仍含有铝（Al）、铁（Fe）及其他金属等杂质，纯度一般在98％左右，仍然不适于单晶硅的制造。因此，需要以下的反应进一步提高硅的纯度。请读者注意每一个步骤提高纯度的原理。

　　将冶金级单质硅（金属硅）制成微细粉末，使其与液态氯化氢（HCl）在大约300℃发生如下反应：

$$Si+3HCl\longrightarrow SiHCl_3+H_2 \uparrow \qquad (2-2)$$

　　生成透明液体，得到三氯氢硅。将三氯氢硅蒸馏、精制，使其达到尽可能高的纯度，以用于下一步的反应（图2）。

本节重点

（1）由硅石是如何变成金属硅的？写出其化学反应式。
（2）为什么要把金属硅变成三氯氢硅？
（3）由金属硅是如何变成三氯氢硅的？写出其化学反应式？

图 1　从硅石由电弧炉还原制取单质硅（金属硅）

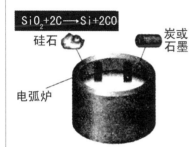

$$SiO_2+2C \longrightarrow Si+2CO$$

硅石　　炭或石墨

电弧炉

将硅石由电弧炉熔化，用炭或石墨还原制取单质硅。这种单质硅可达到98%的较高纯度，但作为半导体原料，纯度还太低，不能使用。

图 2　三氯氢硅的制作与蒸馏精制

$$Si+3HCl \longrightarrow SiHCl_3+H_2$$

单质硅

三氯氢硅
（SiHCl$_3$）

将单质硅制成微细粉末，使其与氯化氢(HCl)在大约300℃发生反应，生成透明液体，得到三氯氢硅。将三氯氢硅蒸馏、精制，使其达到尽可能高的纯度

2.2.3 多晶硅的析出和生长

将很脆的块状还原金属硅粉碎成微细的粉末，并溶于盐酸（HCl）中，在大约300℃使二者发生下述反应，由此合成三氯氢硅（$SiHCl_3$，或称三氯硅烷）

$$Si+3HCl \longrightarrow SiHCl_3+H_2 \uparrow \qquad (2-3)$$

三氯氢硅（沸点31.8℃）在常温下为无色透明的液体。在反应过程中，含于金属硅中的杂质等变成氯化物（$AlCl_3$、$FeCl_3$等）。一般来说，金属氯化物的饱和蒸气压比单体金属要高一个数量级左右，在利用式（2-3）的反应合成三氯氢硅的同时，含于金属硅中的金属杂质变成氯化物而蒸发掉。

从上述三氯氢硅制取多晶硅的最典型方法是"氢还原法"。从广义上讲，这也属于化学气相沉积（CVD）的一种。

将精制成高纯度的三氯氢硅与超高纯氢一起通入反应器（如石英玻璃钟罩）中，在通电加热的硅芯棒表面，三氯氢硅被氢还原会析出并生长多晶硅。所发生的反应为

$$SiHCl_3+H_2 \longrightarrow Si+3HCl \qquad (2-4)$$

或

$$4SiHCl_3 \longrightarrow Si+3SiCl_4+2H_2 \qquad (2-5)$$

上述反应要在1100℃的反应炉内进行，在此反应中，要控制芯棒的温度、气体的混合比及流量。如图1所示，在预先准备好的由电阻加热的多晶硅芯棒的表面，会连续生长出多晶硅，多晶硅锭逐渐变粗（图2）。多晶硅是由大量的单晶硅小颗粒集聚而成的，其纯度高达11个9，即99.999999999%，若与"纯金"的纯度99.99%相比，其纯度之高可想而知。

（1）说明由金属硅变为三氯氢硅去除其他金属杂质的理由。
（2）写出三氯氢硅分解得到硅的反应，并说明该反应需要的条件。
（3）写出三氯氢硅被氢还原得到硅的反应，并说明该反应需要的条件。

图1　三氯氢硅由氢气还原制作多晶硅的工程示意图

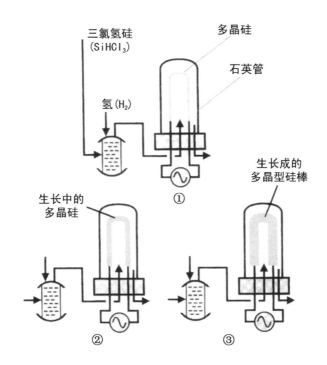

图2　向石英坩埚中放入多晶硅

石英坩埚外形

2.3 从多晶硅到单晶硅棒
2.3.1 改良西门子法生产多晶硅

工业上利用三氯氢硅还原生产多晶硅的方法称为**改良西门子法**（图1）。第一代改良西门子法是分别回收还原炉尾气中的 $SiHCl_3$、$SiCl_4$、HCl 和 H_2，但 $SiCl_4$ 和 HCl 不再循环使用，而是作为副产品出售（甚至放空而污染环境），H_2 和 $SiHCl_3$ 则回收利用；第二代改良西门子法是将还原尾气中回收的 $SiCl_4$ 与冶金级硅和氢气反应，在催化剂参与下生成 $SiHCl_3$（称为 $SiCl_4$ 的氢化），再循环利用，其反应为式（2-3）、式（2-4）的逆反应：

$$SiCl_4 + H_2 \longrightarrow SiHCl_3 + HCl \qquad (2-6)$$

$$3SiCl_4 + Si + 2H_2 \longrightarrow 4SiHCl_3 \qquad (2-7)$$

第三代改良西门子法是用干法回收还原尾气中的 HCl，将解析出的干燥 HCl 再送回"合成"或"氢化"工艺中继续参与制备三氯氢硅，如此循环往复。这种完全封闭式生成，实现了还原尾气各种成分的全部循环回收利用，不仅做到了污染物质的零排放，而且降低了多晶硅生成的物耗和成本。

第三代改良西门子法是目前成熟的多晶硅生产技术，除了工艺流程合理外，由于具备完善的循环和回收系统（还包括对水、电、气等能源和资源的回收再利用），生产效率高，产品价格低，具有很强的市场竞争力。国内有些企业在引进设备时为了省钱，往往砍掉部分或全部循环和回收系统，结果造成效率低、能耗高、产出低、污染严重、产品成本高，缺乏市场竞争力。

图2表示多晶硅的析出及生长的过程。

本节重点
(1) 画出改良西门子法由工业硅制取多晶硅的工艺流程图。
(2) 说明第一、二代改良西门子法的改良措施。
(3) 第三代改良西门子法是用干法回收还原氢气。

图 1　改良西门子法生产多晶硅的工艺流程图

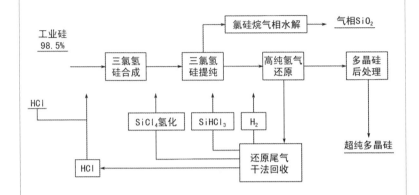

图 2　多晶硅的析出及生长

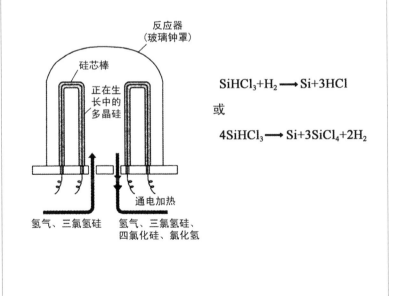

$$SiHCl_3+H_2 \longrightarrow Si+3HCl$$

或

$$4SiHCl_3 \longrightarrow Si+3SiCl_4+2H_2$$

2.3.2 直拉法（Czochralski，CZ 法）拉制单晶硅

工业上制造单晶硅棒有两大类方法，一类是直拉法（Czochralski，CZ 法），另一类是区熔法（Floating Zone 法，FZ 法），二者的共同点是将多晶硅加热熔融，再将其在严格控制下固化。与如下所介绍的 CZ 法是将熔融硅保持在石英玻璃制坩埚中相对，FZ 法具有熔液不与多晶硅以外的固体相接触的特征，因此可以获得更高纯度。由于目前先进器件制造用的硅晶圆几乎全部由 CZ 法单晶硅棒加工而成，故下面仅对 CZ 法进行说明。

图（a）～（e）表示 CZ 法制造单晶硅棒的工艺过程。首先，将多晶硅装入 CZ 炉内的石英坩埚中［图（a）］，由石墨加热器将其加热熔融得到硅熔液［图（b）］。如图（a）右上方照片所示，多晶硅原料是由圆柱状粉碎为团块（lump）状以便于熔融。硅的熔点大约为 1420℃，因此炉内要用石墨隔热材料，炉壁要用水冷等隔热散热。

首先将称为**籽晶**（seed）的短棒状或小方块状单晶硅用卡具装紧［图（a）］，使籽晶下降至接触熔液表面，接触界面的熔液部分瞬时固化。此时与之相接触的熔液部分会以单晶的形式生长。此后稍微向上方提拉籽晶，由于此前固化的部分变冷，故该固化部分继续作为籽晶促使其正下方的熔液以单晶的形式固化。通过连续进行的这种操作，原来的籽晶之下就会逐渐生长出单晶。而且可以直观地理解，如果籽晶的提拉速度增加、熔液的温度上升，单晶棒直径会减小。

图（c）～图（e）表示，由提拉速度和熔液温度分布的精细控制，可以生产出所要求直径的单晶硅棒。此时，通常保持液面高度为同一位置，而在晶体生长的同时使坩埚缓缓上升。采用这种坩埚上升法，直径控制和熔液的温度控制都比较容易。

如上所述，伴随着由熔液中提拉单晶体而进行的连续的固化过程称为**晶体生长**（crystal growth）。注意其生长方向是朝下而非朝上。

本节重点
（1）针对制作单晶硅棒的直拉法和区熔法，在方法、工艺过程、产品质量、应用等方面加以比较。
（2）试介绍直拉法中位错产生的原因及消除措施。

直拉法（Czochralski，CZ 法）制造单晶硅棒的工艺过程

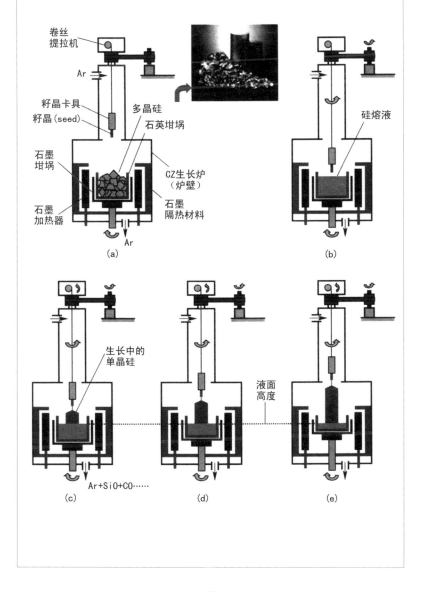

卷丝
提拉机

Ar

籽晶卡具
籽晶（seed）

多晶硅
石英坩埚

石墨
坩埚

CZ生长炉
（炉壁）

石墨
加热器

石墨
隔热材料

Ar

(a)

硅熔液

(b)

生长中的
单晶硅

Ar+SiO+CO……

(c)

(d)

液面
高度

(e)

2.3.3 区熔法制作单晶硅

在 CZ 法中［图（上）］，在含有所需要杂质的添加剂的氩气中，通过高频线圈对多晶硅棒加热进行带状区熔，熔融部分与小籽晶接触后，使线圈上下移动，由此实现整个硅棒的单晶化。

所谓 FZ 法［图（下）］，是控制温度梯度使狭窄的熔区移过材料而生长出单晶的方法，分为水平区熔法和悬浮区熔法。制备过程为将籽晶放在料舟的一端，开始先使籽晶微熔，保持表面清洁，随着加热器向另一端移动，熔区即随之移动，移开的一端温度降低而沿籽晶取向析出晶体，随着移动而顺序使晶体生长。晶体质量和性能取决于区熔温度、移动速率、冷却温度梯度。悬浮区熔法不受坩埚限制且不易沾污，故可生长高熔点晶体。例如，单晶钨（熔点为 3400℃）在真空中区熔无坩埚污染，可制备高纯单晶材料。具有高蒸气压或可分解的材料不能使用此方法。悬浮区熔法制成单晶硅的纯度高。采用区域熔化和杂质移除技术相结合可得到高纯金属。随着液封区域熔化和微量区熔等技术的发展，区熔法得到更广泛的应用。

关于从熔液到单晶的杂质去除关系，通过偏析现象可以理解。简单地讲，杂质浓度为 C_{melt} 的熔体在发生结晶时，晶体的杂质浓度 $C_{crystal}$ 与 C_{melt} 不同，二者之比称为偏析系数。对于特定的杂质，偏析系数取大致固有的值。对于偏析系数小于 1 的情况，晶体的杂质浓度沿着晶体生长方向逐渐变高；对于偏析系数大于 1 的情况，晶体的杂质浓度沿着晶体生长方向逐渐变低；对于偏析系数等于 1 的情况，晶体的杂质浓度沿着晶体生长方向是不变的。当然，这里所述的偏析系数是所谓的平衡偏析系数，与晶体生长的非平衡状态的情况有所不同。但有了对基本概念的确切理解，则可以进一步引申。

本节重点
(1) 从熔液到单晶的杂质去除关系。
(2) 所谓 FZ 法，是控制温度梯度。
(3) 晶体的杂质浓度沿着晶体生长方向逐渐变低。

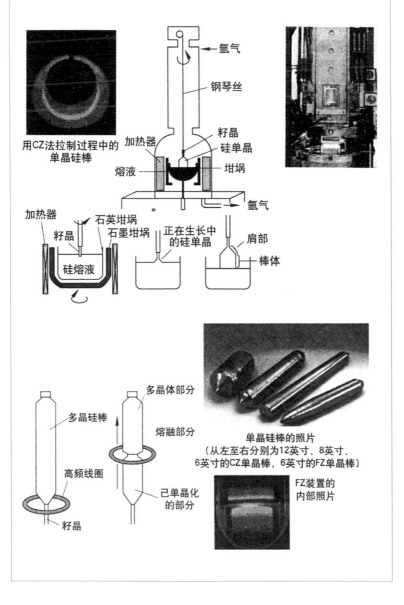

利用 CZ 法（直拉法，上）和 FZ 法（区熔法，下）制取单晶硅棒

用CZ法拉制过程中的单晶硅棒

氩气
钢琴丝
籽晶
硅单晶
坩埚
加热器
熔液
氩气

加热器
籽晶
石英坩埚
石墨坩埚
硅熔液

正在生长中的硅单晶

肩部
棒体

多晶硅棒
高频线圈
籽晶

多晶体部分
熔融部分
已单晶化的部分

单晶硅棒的照片
（从左至右分别为12英寸、8英寸、6英寸的CZ单晶棒、6英寸的FZ单晶棒）

FZ装置的内部照片

2.3.4　直拉法中位错产生的原因及消除措施

　　半导体工业应用中，[100] 取向的单晶硅锭与其他取向的相比占压倒多数，籽晶的方位如图 (a)（1）所示，也按 [100] 取向。在使籽晶与熔液接触的瞬时，如图 (a)（2）所示，由于热冲击的作用，会在籽晶中产生位错。因此，在由籽晶开始生长的单晶中也会有位错传播，有位错单晶随着其直径增大，难以维持单晶体而会变成多晶体。因此在单晶拉制过程中，如图 (b)（1）～（3）所示，先使单晶直径变细，而后再增大。这样做的结果，使位错在细的单晶表面露出，而后变为无位错单晶。称这种技术为**颈缩**（necking），通常颈缩直径小至 3 ～ 5mm 程度。此后放大到按要求所定的直径 [图 (c)]，并生长到所希望长度的单晶。顺便指出，称单晶与熔液相接触的圆形界面为固液界面。图 (c) 所示的固液界面为上凸形的，依生长条件而异，也有近平面形的和下凹形的。

　　当单晶硅锭沿 [100] 方向生长的最当中温度控制失当，致使固液界面附近的温度稍微下降时，其端部有可能开始 [111] 方向生长。(111)是最密排面，表面能低，故在满足条件下也容易沿[111]方向生长。

　　为什么位错会从细的晶体部分由表面露出呢？固体表面可以认为是被异种物质（空间）包围的一个巨大的晶体缺陷的界面，为了减少其表面能，需要在表面引入位错。在最细的颈缩部分位错最容易靠近表面，因此，利用颈缩消除位错的效果不言而喻。

本节重点
　　（1）试介绍直拉法中位错产生的原因及消除措施。
　　（2）为什么位错会从细的晶体部分由表面露出呢？
　　（3）利用颈缩消除位错的效果。

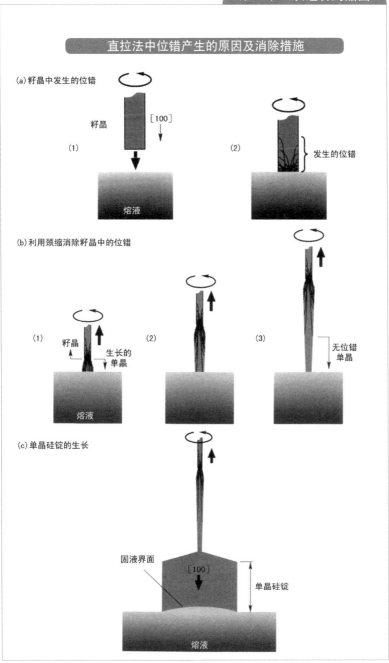

直拉法中位错产生的原因及消除措施

(a) 籽晶中发生的位错

(1) 籽晶　[100]

(2) 发生的位错

(b) 利用颈缩消除籽晶中的位错

(1) 籽晶　生长的单晶　熔液

(2)

(3) 无位错单晶

(c) 单晶硅锭的生长

固液界面　[100]　单晶硅锭

熔液

-57-

2.4 从单晶硅到晶圆
2.4.1 晶圆尺寸不断扩大

图 1 所示为由 CZ 法生长的 ϕ300mm（12 英寸）单晶硅棒，其质量可达 350kg。

"硅圆片的大小为 12 英寸"，是指"其外径为 12 英寸"。通常，以英寸或毫米为单位的外径尺寸称呼硅圆片的大小。

硅圆片上制作 IC 时的有效部分为其表面积。因此，若外径尺寸变为 1.2 倍、1.3 倍、……，相应制作芯片的有效面积则变为 1.44 倍、1.69 倍、……，即按"外径平方成比例增加"。

伴随着 IC 的进步，硅圆片外径也连续不断地增加。但应指出的是，在集成电路制造中，随着硅圆片外径的变化，与其相关的所有设备也必须更新换代。

首先，制造硅圆片本身的生产设备需要更新。然后，为采用这种硅圆片来制造 IC，其制造装置及工艺自不待言，生产线等也必须设立新的标准，进行改建更新，为此要耗费大量的人力和经费。

因此，今后相当一段时间内，仍然会是不同硅圆片产品同时存在。

为实现生产出更大外径的硅圆片，包括制造装置的厂家在内，对于制造厂家（生产硅圆片）和使用厂家（生产半导体 IC）双方，都存在诸多问题和课题（图 2）。

而且，在新一代大外径硅圆片上，要用最先进的技术制造更高集成度的复杂 IC。因此，对硅圆片所要求的各种各样的尺寸、性能指标，比前一代更高、更复杂，会进一步增加难度。

尽管如此，与半导体相关的生产厂家对上述问题经过诸多因素的比较，对于硅圆片是否更新换代，总能适时地作出选择。其结果，过去硅圆片基本上按"每 3.5 年增加 1 英寸"的速度发展（图 3）。

实际上，截至 2009 年，全世界可供应商用 12 英寸（ϕ300mm）晶圆的工厂已有上百家，且都为该领域的领头企业。但对于半导体 IC 厂家来说，硅圆片更新换代的负担很重，加之产品良率方面的考虑，目前对 18 英寸（ϕ450mm）硅圆片的大规模投产时间还不好预期。

本节重点
（1）为何晶圆尺寸增加的趋势并非像特征线宽减少那样明显？
（2）伴随晶圆大外径化，晶圆、IC 厂商有哪些问题需要解决？
（3）调研国内晶圆十大厂商的产品及技术开发现状。

图1　12英寸（ϕ300mm）的单晶硅棒

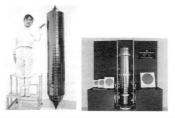

图2　伴随硅圆片的大外径化有许多问题需要解决

硅圆片厂家

①单晶拉制
- 伴随多晶硅装料量的增加，石英坩埚变大（若单晶硅棒长度变短，切片数量减少，与降低价格不利）
- 拉制单晶装置的大型化、设备功能的增加
- 电阻率的均匀性、氧浓度的控制及均匀性、杂质及缺陷的降低

②硅圆片加工
- 切片、机械研磨、镜面抛光的均匀性及加工效率提高
- 确保表面平坦度
- 减少杂质及缺陷
- 控制翘曲
- 控制表面划伤及沾污

③其他
- 生产线厂房的增加
- 投资的增加

IC厂家

①装置
- 制造、输运、检查装置的大型化（与光刻工艺相关）
- 同一硅圆片面内均匀性的提高（各种工艺的改善）
- 提高吞吐量

②生产线
- 超净工作间面积的增加及等级的提高
- 配套设施的增强（空调、水、化学药品、各种气体）
- 采用机器人等进一步推进自动化（提高清洁度，提高设备的工作能力及工作精度等）
- 各类材料（直接、间接）用量的增加
- 硅圆片运输距离的增加

③其他
- 工厂用地面积的增加
- 投资的增加

图3　硅圆片大外径化的发展趋势

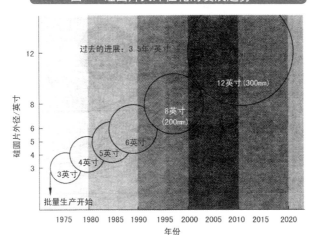

2.4.2 先要进行取向标志的加工

目前由直拉法制取的单晶硅棒，一般长度为 2m，直径为 8 英寸（先进的为 12 英寸），质量为 150kg。从硅棒中要切除不需要的部分，如剥皮和切除上、下两端头，并将其切分成若干个硅坯（图 1）。

而后，按所要求的硅圆片直径，用磨削刀具研削硅坯外圆（图 2）。当然，在拉制单晶时，应按硅圆片尺寸要求，保证硅棒外径足够大，并留有研磨外圆的尺寸裕度。

为了定出硅圆片面内的晶体学取向，并适应 IC 制造工程中在装置内装卸的需要，要在硅坯周边切出称为"取向平面（OF：Orientation Plat）"或"缺口（notch）"的标志（图 3）。

取向标志的作用是，当硅圆片在装置内处理时，根据取向标志排列，可保证不同硅圆片间处理的均匀性，并且适应 IC 制造工程中硅圆片在装置内装卸的需求。过去，日本采用 OF 方式，美国采用 V 字形缺口方式，目前缺口方式有向统一方向发展的趋势。

本节重点

（1）介绍从硅单晶棒到晶圆的加工过程。
（2）晶坯为什么要进行取向标志的加工？
（3）一般采用何种取向标志？

图 1　将硅棒切分成若干硅坯

图 2　硅坯外圆的研削

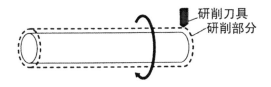

图 3　取向标志的加工

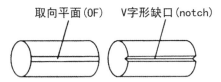

取向标志的作用：

当硅圆片在装置内处理时，根据取向标志排列，可保证硅圆片间处理的均匀性，并且适应IC制造工程中硅圆片在装置内装卸的需要。过去，日本采用OF方式，美国采用V字形缺口方式，目前有缺口方式统一的趋势。

2.4.3 将硅坯切割成一片一片的硅圆片

接着，用黏合剂把硅坯固定在支持架上，将其切割成一片一片的硅圆片（切片），如图所示。在切片作业中，多采用贴附有金刚石颗粒的内圆刃切刀。但近年来，随着硅坯外径的变大，被称为"线刀（wire—saw）"的由钢琴丝与切削研磨液相组合的新的切片法也正在逐渐普及。

采用内圆刃刀片切片的特点是：①内圆刃刀片由高硬度不锈钢制作，张于环形刀架内侧，加一定张力固定；②适用8英寸以下的硅圆片的切片；③切片表面的平坦度良好；④切缝大约为0.6mm（刀片厚0.4mm，金刚石磨粒直径约0.1mm+a）；⑤切片速度：8英寸硅圆片每片需6min，切割300片大约用30h；⑥对于大口径（300mm以上）硅坯，内圆刃刀片材料及制作都比较困难；⑦内圆刃刀片张力的均匀化等不好解决。

采用线刀切片的特点是：①将多根钢琴丝按一定间距平行固紧，沿钢琴丝滴下浆料（液）状金刚石颗粒研磨液；②可适用大口径（300mm以上）硅坯，8英寸硅圆片已有成熟的切片经验；③切片表面的平坦度比采用内圆刃刀片的情况略差；④切缝大约为0.3mm（钢琴丝直径0.2mm，金刚石颗粒直径+a大约0.1mm）；⑤切片速度：8英寸硅圆片的标准时间为6h，可批量式切片；⑥钢琴丝及研磨液的运行费用相对于圆刃刀片法要高些。

根据以上对比可以看出，线刀切片的切缝小、可以多片同时切成，切片速度快，再加上切割大口径硅片的平面刃刀具的材料不易解决，因此，对于外径大于300mm的硅圆片，用线刀切割目前已成为标准切割方法。

切断后，用化学溶液溶解黏合剂，使硅圆片从支撑架上剥离，成为一片一片的硅圆片。

下一步是倒角（beveling）工序，要把硅圆片的侧面研磨成抛物线形状。这样做的目的，是为了在IC制造过程中装卸及加工硅圆片时，避免侧面棱角处破损（并产生后续制程中令人讨厌的颗粒污染），还可防止在热处理等制程中，由侧面部分导入晶体缺陷。

本节重点
（1）采用内圆刃刀片切片的特点。
（2）采用线刀切片的特点。
（3）防止在热处理等制程中，由侧面部分导入晶体缺陷。

将硅坯切割成一片一片的硅圆片

采用内圆刃刀片切片
· 内圆刃刀片由高硬度不锈钢制作，张于环形刀架内侧，加一定张力固紧
· 适用于8英寸以下的硅圆片的切片
· 切片表面的平坦度良好
· 切缝大约为0.6mm （刀片厚0.4mm，金刚石磨粒直径约0.1mm+a）
· 切片速度 8英寸硅圆片每片需6min，切割300片大约用30h
· 对于大口径(300mm以上)硅坯，内圆刃刀片材料及制作都比较困难
· 内圆刃刀片张力的均匀化等不好解决

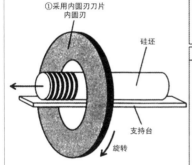

①采用内圆刃刀片
内圆刃
硅坯
支持台
旋转

采用线刀(wire-saw)切片
· 将多根钢琴丝按一定间距平行固紧，沿钢琴丝滴下浆料(液)状金刚石颗粒研磨液
· 可适用于大口径(300mm以上)硅坯，8英寸硅圆片已有成熟的切片经验
· 切片表面的平坦度比采用内圆刃刀片的情况略差
· 切缝大约为0.3mm （钢琴丝直径0.2mm，金刚石颗粒直径+a大约0.1mm） · 切片速度 8英寸硅圆片的标准时间为6h，可批量式切片

根据以上对比，可以看出线刀切片的特征:
· 切缝小、切片速度快，从而总体价格较低，但钢琴丝及研磨液的运行费用相对于内圆刃刀片法要高些
· 适用于大口径硅圆片的切割

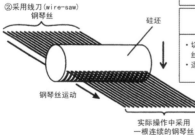

②采用线刀(wire-saw)
钢琴丝
硅坯
钢琴丝运动
实际操作中采用
一根连续的钢琴丝

2.4.4　硅圆片有各种不同的类型

　　切好的硅圆片经倒角后，使用含有微细颗粒研磨剂的研磨液，进行机械研磨（lapping）。在对侧面磨削之后，将硅圆片置于转盘之上，对表面进行机械的、化学的研磨，使其变为闪闪发光的镜面状态。对于部分硅圆片来说，在经研磨、洗净后，还要放入扩散炉中，在氮气和氢气气氛中进行热处理。这样可以确保硅片表面附近成为无缺陷（DZ：Defect Zero）层。研磨好的硅圆片，经过各种严格检查，做最后洗净之后，装入特制的盒子出厂销售。
　　为了制作硅圆片基板，外延硅圆片也是典型方法之一。这种方法是在研磨完成之后或形成埋置扩散层后的硅圆片上，用气相沉积法形成硅单晶膜。这种气相生长称为"外延生长（epitaxial growth）"，是在反应容器（chamber）内通入硅烷（SiH_4）及氢气（H_2），一般将硅圆片加热到大约1500℃的高温，通过流动状态的SiH_4与H_2的气相反应，在硅基板表面按其晶体学方向连续地生长。

本节重点
（1）采用内圆刃刀片切片的特点。
（2）采用线刀切片的特点。
（3）防止在热处理等制程中，由侧面部分导入晶体缺陷。

从硅石变为硅圆片的过程

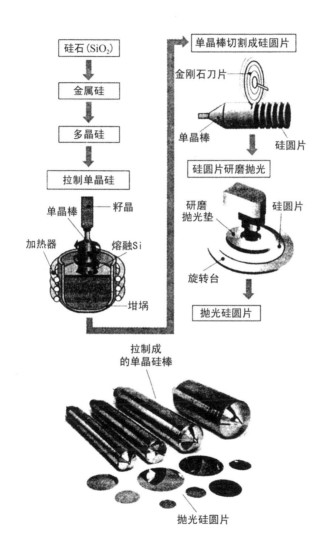

硅石（SiO₂）

金属硅

多晶硅

拉制单晶硅

单晶棒 —— 籽晶

加热器　熔融Si

坩埚

单晶棒切割成硅圆片

金刚石刀片

单晶棒　硅圆片

硅圆片研磨抛光

研磨抛光垫　硅圆片

旋转台

抛光硅圆片

拉制成的单晶硅棒

抛光硅圆片

2.5 抛光片、退火片、外延片、SOI 片
2.5.1 抛光片和退火片

切好的硅圆片经倒角后，利用含有 CeO_2 微细颗粒研磨剂的研磨液，进行机械研磨（图1）。

在对侧面磨削之后，将硅圆片置于转盘之上，对表面进行**化学机械抛光**（Chemical Mechanical Polishing，CMP），使其变为闪闪发光的镜面状态（图2），称为**抛光片**。在上述这些研磨工程中，有只对硅圆片单面加工的"单面加工"和"双面加工"两种方法，随着IC图形的进一步微细化，近年来**双面研磨**有逐渐增加的趋势。

对于部分硅圆片来说，在经研磨洗净后，还要放入扩散炉中，在氮气和氢气气氛中进行热处理。这样可以确保硅片表面附近成为**无缺陷层**（图3，2.5.2节图1），称这样处理过的硅圆片为**退火片**。

对如此制作的硅圆片，有各种各样的性能、特性要求。从形状方面，有外径尺寸、厚度、缺口位置、形状以及各面的加工精度等。

从品质方面说，像"伤痕""沾污"当然不允许出现，对于"翘曲""平坦度"等也有严格的规格要求。电阻率及载流子寿命更是最基本的要求。在一定的热处理条件下，要求对氧的析出状态以及表面附近微小缺陷的有无、氧化时二氧化硅膜的致密性等必须严格控制。这些特性是由从拉制单晶硅开始，到切割、研磨、洗净等一系列加工工艺决定的。

正因为如此，要用各种分析仪器，对工艺条件、装置等进行信息反馈，以便保证和提高产品质量，与此同时，还要采用高纯度化学药品、超高纯水等。

本节重点
(1) 什么是抛光片、退火片、外延片、SOI 片？
(2) 什么是化学机械抛光（CMP）？它是如何操作的？
(3) 退火片与抛光片相比，在性能上会有哪些改善？

图1　硅圆片机械研磨装置

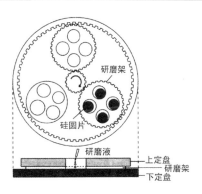

研磨架

硅圆片

研磨液

上定盘
研磨架
下定盘

图2　镜面研磨（mirror polish）操作

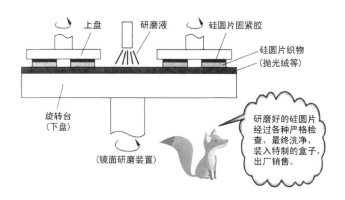

上盘　　研磨液　　硅圆片固紧胶

硅圆片织物
（抛光绒等）

旋转台
（下盘）

（镜面研磨装置）

研磨好的硅圆片经过各种严格检查，最终洗净，装入特制的盒子，出厂销售。

图3　经过热处理在晶圆表面形成 DZ（无缺陷）层

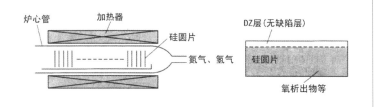

炉心管　　加热器

硅圆片

氮气、氢气

DZ层（无缺陷层）

硅圆片

氧析出物等

2.5.2　外延片

　　一般情况下，**外延**（epitaxy）**技术**与器件的应用紧密相连，因此，应对器件的要求，人们探讨过各种不同的外延生长方法。epitaxy 这个词源于希腊语，epi 表示"在……之上"，taxy 表示"沿……方向集中"。因此，外延的定义首先是采用单晶基板，并在此单晶基板上使生长出单晶膜的晶轴与基板的晶轴相一致。外延层与基板可以是相同物质，也可以是不同物质，称前者为**同质外延**（homoepitaxy），后者为**异质外延**（heteroepitaxy）。按原料物质的供应方式不同，有气相外延、液相外延、固相外延之分，在气相外延中又有化学生长法和物理生长法。图 2 表示外延（epitaxy）技术的分类。

　　依据器件设计的要求，一般采用与基板具有不同杂质浓度的生长层的外延晶圆。采用在杂质（硼）浓度高的 p 型基板上，生长低浓度外延层（p/p^+）的情况，对于提升 CMOS 器件特性的有利点很多。但是，若基板的杂质混入生长层，则会引发**自掺杂**（auto-doping）。因此，为了避免自掺杂的影响，必须增加 p 型外延层的厚度。另外，对于在杂质浓度低的 p 型基板上生长所定浓度外延层（p/p^-）的情况，膜可以比 p/p^+ 的情况薄，外延硅圆片的价格低。但是，p/p^- 有缺陷捕集效果差的缺点。

　　外延生长用的基板的状态对于其上生长的单晶层有非常大的影响。特别是，生长前基板的缺陷及灰尘、杂质、沾污等都属于禁物，必须对基板表面进行处理及仔细洗净以便彻底清除。另外，若基板界面存在自然氧化膜，则会引发结晶性劣化。为消除自然氧化膜，还需要在生长炉内进行氢气还原，卤族气体的气相刻蚀，真空退火等表面处理。

　　对于常用的气相外延来说，要想获得理想的外延层，一般需要控制的条件有：基板单晶要完整，基板表面要干净，外延温度要高，生长速度要慢等。

本节重点
（1）何谓外延？请对外延技术进行分类。
（2）为获得理想的外延层需要采取哪些措施？
（3）外延片与退火片、抛光片相比在性能上会有哪些改善？

图1 硅圆片中缺陷的内捕集（IG）效果

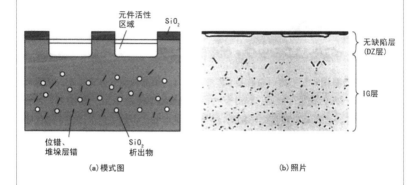

元件活性区域 　SiO₂

位错、堆垛层错 　SiO₂析出物

(a)模式图

无缺陷层（DZ层）

IG层

(b)照片

图2 外延技术的分类

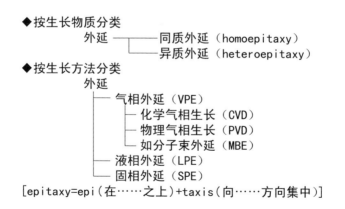

◆按生长物质分类

外延 ——┬—— 同质外延（homoepitaxy）
　　　　└—— 异质外延（heteroepitaxy）

◆按生长方法分类

外延
　├— 气相外延（VPE）
　│　├— 化学气相生长（CVD）
　│　├— 物理气相生长（PVD）
　│　└— 如分子束外延（MBE）
　├— 液相外延（LPE）
　└— 固相外延（SPE）

[epitaxy=epi（在……之上）+taxis（向……方向集中）]

2.5.3 SOI 片

在绝缘体之上形成 Si 单晶层的结构称为 SOI（Silicon On Insulator）结构。采用 SOI 结构，由于元件分离及形成阱的区域不需要做出 pn 结，因此可大幅度减少寄生电容。如果能最大限度发挥这一优势，则有可能制作出高速且低功耗的器件。

通常的 SOI 结构，为了与绝缘体基板采用单晶的 SOS 结构（异质外延的一种）相区别，是在非晶态绝缘膜的 SiO_2 上形成 Si 单晶。因此不会发生因点阵常数不匹配引发的问题，但会存在由于热膨胀系数差异引发的问题及 $Si-SiO_2$ 界面特性劣化等问题。

SOI 基板依其形成方法不同，有各种不同的种类，但主要分为如图 1 所示的 **SIMOX**（Separation by IMplanted OXygen，利用注入氧进行隔离型）和**键合基板**两大类。这两类 SOI 基板的典型制作工艺如图 2 所示。

SIMOX 是用 200keV 左右的能量向 Si 基板中注入高浓度的氧离子，再经 1300℃ 以上的高温热处理，埋入氧化膜（Buried OXide，BOX）而制成的。由于氧离子的注量和能量均可以进行精度相当好的控制，因此其 BOX 厚度及 SOI 层厚度的均匀性都极好。利用 $10^{18}/cm^2$ 以上高注量氧注入的基板称为高注量 SIMOX，BOX 厚约 500nm。氧离子的注量在 $4 \times 10^{17}/cm^2$ 以下的情况称为低注量 SIMOX，BOX 厚度很小，一般在 100nm，由于低注量，位错缺陷也少，作为高品质且低价格的 SOI 基板，正成为主流。若进一步追加高温氧化，在使 BOX 层致密化的同时膜厚也可增加，由此得到更高品质的 ITOX-SIMOX 基板。

键合基板是通过使形成氧化膜的 Si 基板（器件晶圆）和外来的可变基板（衬底晶圆）相键合，通过从背面对器件晶圆进行研削、研磨等使其薄层化，形成 SOI 层。

SOI 基板的 Si 层的膜厚可按器件制作中的要求确定，现在 1μm 以上的厚膜 SOI 和 100～200nm 的薄膜 SOI 都有市售。SOI 基板与 Si 基板相比，由于增加了各种各样的加工，因此价格要高 5～10 倍，目前仅限用于高频三极管及耐高压器件等。

本节重点
（1）SOI 片比其他晶片有哪些优势？多用于哪些领域？
（2）请介绍薄膜 SOI 基板的种类。
（3）介绍 SOI 基板的两种典型制作工艺。

图 1　薄膜 SOI 基板的种类

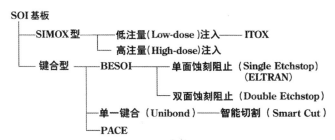

SIMOX　（Separation by Implanted Oxygen，利用注入氧进行隔离型）
ITOX　　（Internal Thermal Oxidation，内部热氧化型）
BESOI　（Bond and Etchback SOI，键合和背蚀刻型SOI）
ELTRAN（Epitaxial Layer Transfer，外延层转移型）
PACE　　（Plasma Assisted Chemical Etching，等离子辅助化学蚀刻型）

图 2　SOI 基板的典型制作工艺流程

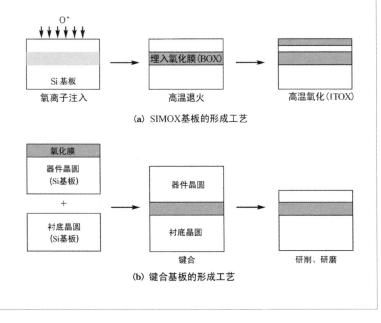

书角茶桌

"硅是上帝赐予人类的宝物"

硅（Si）在地壳表面的储量占 27.72%，仅次于氧（占46.60%），在所有元素中排行第二。在路边随手捡起一块石头，里面就含有相当量的硅。可惜的是，这种硅并非单质硅，而是与氧及其他元素结合在一起而存在的。材料制备技术中的改良西门子法就能将顽石中的硅提纯到 99.999999999%（11 个 9），再拉制成单晶硅，用于集成电路芯片制作，可谓"点石成金，化腐朽为神奇"。自 1947 年 12 月 23 日，由美国的巴丁、布拉顿、肖克莱三位科学家合作利用半导体材料锗制成了世界上第一个双极结型晶体管算起，硅就成为微电子产业最重要的半导体材料。直至今天，硅器件仍占据 95% 以上的半导体器件市场。怪不得人们常说"硅是上帝赐予人类的宝物""硅材料是根，根深才能叶茂""拥硅者为王，得硅者得天下""我们不能捧着金（硅）碗要饭吃"。

有人认为，以硅为代表的半导体时代使人类跨入当代社会。

随着科学技术的发展，特别是材料科学的进步，昔日的黄沙已能"点石成金"，成为高新技术中不可或缺的新宠。二氧化硅（SiO_2）具有密度低、不吸潮、光学性能稳定、耐酸碱腐蚀、硬度高、热膨胀系数低、介电常数低、高绝缘特性、耐热性好、导热性好、环境友好、对芯片无污染等特性，除了传统用途之外，在环氧塑封料（EMC）、石英坩埚、光导纤维、高温多晶硅（HTPS）液晶显示器、化学抛光（CMP）磨料等方面具有不可替代的用途。

石英玻璃是二氧化硅（SiO_2）单一组分的特种工业技术玻璃，它是用天然二氧化硅含量最高的水晶或经特殊工艺提纯的高纯砂（实际上也是小颗粒水晶）做原料，在 2000℃ 高温下熔融制成的玻璃，SiO_2 含量高达 99.995% ～ 99.998%。石英玻璃具有一系列优良的物理化学性能：它有极良好的透光性能，在紫外、可见、红外全波段都有极高的透过率（90% 以上）；它的耐高温性能很好，是透明的耐火材料，使用温度可高达 1100℃，比普通玻璃高700℃。它的膨胀系数极低，为 5×10^{-7}℃$^{-1}$，相当于普通玻璃的1/20，所以热稳定性特别好，3mm 厚的石英玻璃加热到 1100℃投入到 20℃ 水中不会炸裂。它的电真空性能也特别好，可以容易地实现 10^{-6}Pa 的真空度。

第 **3** 章

集成电路制作工艺流程

3.1 集成电路逻辑 LSI 元件的结构

3.2 LSI 的制作工艺流程

3.3 IC 芯片制造工艺的分类和组合

书角茶桌
世界集成电路产业发展的领军人物

3.1 集成电路逻辑 LSI 元件的结构
3.1.1 双极结型器件的结构

下图表示双极结型器件的基本结构。所谓双极结型器件，是在硅基板内设置使元件间电气隔离用的绝缘区域，并在各个被隔离区域上分别形成基极／发射极／集电极区域所需要的结构，较后述的 MOS 型要复杂得多。

图 (a) 属于经典的结构，隔离中采用的是 **pn 结隔离方式**。经过 4～5 次的杂质扩散，形成三极管结构。

图 (b) 是用**氧化膜** (SiO_2) 替代 pn 结的方式，由于可大大降低结电容，使设计基准（特征线宽）缩小化成为可能。在氧化膜隔离中，大都采用 LOCOS (LOCal Oxidation of Silicon，硅局部氧化) 方式。现在最先进的双极结型 LSI 都是采用这种氧化膜隔离技术。

与 CMOS 型器件相比，具有这种双极结型结构的器件功耗大、制作工艺复杂，而性能与 CMOS 不相上下，因此应用范围越来越小。

作为制作双极结型器件的工艺技术，用于杂质导入的扩散或离子注入的工艺次数多，杂质纵向的浓度分布控制十分重要，而且还要进行缺陷控制等，这些要通过热处理等一次性完成，对热处理的要求很高，因此热处理等的总体设计十分重要。

本节重点
(1) 什么是双极结型器件？介绍双极结型器件的结构。
(2) 介绍双极结型器件的制作方法。
(3) 说明双极结型器件的优缺点及主要应用领域。

双极结型器件的结构

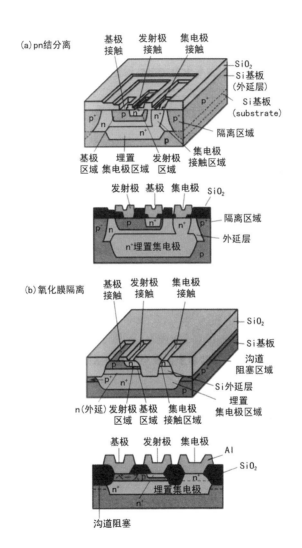

(a) pn结分离

基极接触
发射极接触
集电极接触

SiO₂
Si基板（外延层）
Si基板（substrate）
隔离区域

p⁺   p   n   n⁺   p⁺
n
n⁺
p

基极区域　埋置集电极区域　发射极区域　集电极接触区域

发射极　基极　集电极　SiO₂

隔离区域
外延层

p⁺ n   p   n⁺   n⁺ p⁺
n⁺埋置集电极
p

(b) 氧化膜隔离

基极接触
发射极接触
集电极接触

SiO₂
Si基板
沟道阻塞区域
Si外延层
埋置集电极区域

p⁺ n⁺
n(外延)　发射极区域　基极区域　集电极接触区域

基极　发射极　集电极

Al
SiO₂

ベースp
埋置集电极
n⁺
n⁺

沟道阻塞

3.1.2 硅栅 MOS 器件的结构

MOS 型结构与双极结型结构不同，采用了由硅基板及其上的氧化膜，以及二者之上的电极形成的 MOS（Metal Oxide Semiconductor）型电容器、三极管，结构相对简单。CMOS 采用兼有 n 沟道型 MOS 与 p 沟道型 MOS 的器件结构，因此称为互补（complementary）型 MOS，即 CMOS。

最开始作为栅极采用的是金属铝，20 世纪 60 年代后半期，开发出硅栅结构，由于硅栅具有性能好、可靠性高、尺寸小等诸多优势，因此逐渐将 Al 栅淘汰出局。

从制作工艺过程讲，由于 Si－SiO$_2$ 界面稳定，对 Na$^+$ 离子等的控制也十分有效，因此 MOS 型取代了双极结型，逐渐占据器件的中心地位。由 CMOS 构成的回路功耗也低，现在 CMOS 在所有领域都取代了双极结型而得到普遍使用。

下图表示硅栅结构的 n 沟道型 MOS 结构和 p 沟道型 MOS 结构。前者在基板上采用了 p 型硅，后者在基板上采用了 n 型硅。这种硅栅结构又称为"**自对准栅**（self-align gate）**结构**"，当时采用这种方式的用意，是为了保证栅与源及漏的位置不受光刻的制约而能自动决定，现在已成为标准结构而普遍采用。假如没有这种方法，高密度存储器的开发恐怕也难以成功。从下图也可以看出，这两种结构都相当简约。

本节重点

(1) 什么是 MOS 器件？介绍硅栅 MOS 器件的优点。
(2) 画图并说明 n 沟道和 p 沟道 MOS 器件的结构。
(3) 什么是"自对准栅结构"？为什么普遍采用这种结构？

硅栅 MOS 器件的结构

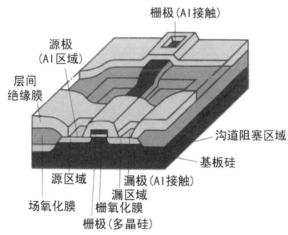

栅极(Al接触)

源极
(Al区域)

层间
绝缘膜

沟道阻塞区域

基板硅

源区域

漏极(Al接触)

场氧化膜

漏区域

栅氧化膜

栅极(多晶硅)

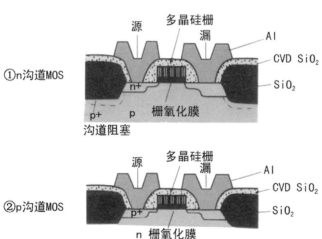

①n沟道MOS

源   多晶硅栅   漏

Al

CVD SiO₂

SiO₂

n+

栅氧化膜

p+   p

沟道阻塞

②p沟道MOS

源   多晶硅栅   漏

Al

CVD SiO₂

SiO₂

p+

n   栅氧化膜

3.1.3 硅栅 CMOS 器件的结构

下图上方图表示 CMOS 器件的结构。CMOS 是在同一基板上共有 p 沟道和 n 沟道的 MOS 结构组成的，从结构上分为下方图所示的三种：①具有 n 阱的 **n 阱结构**；②具有 p 阱的 **p 阱结构**；③在高阻抗区域内兼有 n 阱和 p 阱的**双阱结构**。

CMOS 制作包括阱形成和 n 沟道、p 沟道相关的各个三极管的形成，因此，源／漏区域所需要的杂质导入的次数多，与双极型器件不相上下。在工艺过程中，清洁的栅氧化膜形成及多晶硅（或多晶硅化物）电极的形成、浅源／漏区域的形成等都十分重要，而且要实现三极管的微细化也需要下一番功夫。

兼具双极型器件的高速性优势和 CMOS 器件的低功耗优势，**BiCMOS 器件**是在一个芯片内同时形成双极型器件和 CMOS 器件。在 MPU 的制品化等方面就采用了这种结构，若在 SOI 基板上形成，性能可以进一步提高。由于要在同一芯片内形成制作工艺不同的双极型和 CMOS 型器件，因此二者工艺的整合化需要相当复杂的技术。实际操作中，工艺程序的合理化和工艺条件的最佳化必不可少。

本节重点
（1）什么是 CMOS 器件？它与 pMOS 和 nMOS 有何关系？
（2）从制作和使用角度，CMOS 器件有哪些优点？
（3）介绍 n 阱结构、p 阱结构、双阱结构 CMOS 器件。

硅栅 CMOS 器件的结构

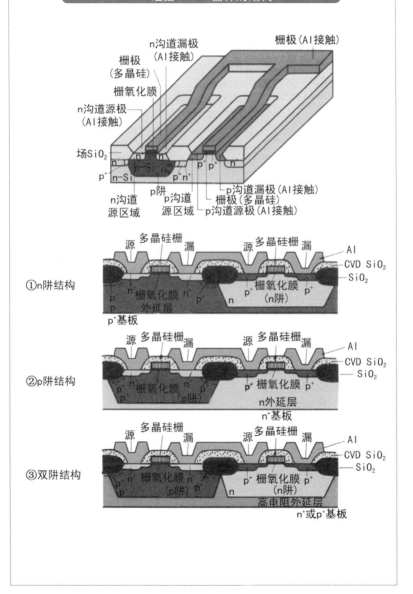

栅极（AI接触）

n沟道漏极
（AI接触）

栅极
（多晶硅）

栅氧化膜

n沟道源极
（AI接触）

场SiO₂

n⁺ n⁺
p⁺ n-Si p-Si H⁺ p⁺ p⁺ n⁺

n沟道
源区域

p阱

p沟道
源区域

p沟道漏极（AI接触）
栅极（多晶硅）
p沟道源极（AI接触）

①n阱结构

源　多晶硅栅　漏　　源　多晶硅栅　漏

AI
CVD SiO₂
SiO₂

p
p
n⁺　栅氧化膜
外延层
p⁺基板

n⁺　n

p⁺　栅氧化膜
（n阱）
p⁺

②p阱结构

源　多晶硅栅　漏　　源　多晶硅栅　漏

AI
CVD SiO₂
SiO₂

p
p
n⁺　栅氧化膜
（p阱）

n⁺

p⁺　栅氧化膜
（n阱）
p⁺

p⁺
n外延层
n⁺基板

③双阱结构

源　多晶硅栅　漏　　源　多晶硅栅　漏

AI
CVD SiO₂
SiO₂

p
p
栅氧化膜 n
（p阱）
p⁺

n

p⁺　栅氧化膜　p⁺
（n阱）

高电阻外延层
n⁺或p⁺基板

3.1.4　BiCMOS 器件和 SOI 器件的结构

图 1 表示 BiCMOS 结构的一例。先在基板上形成 n 阱，再在其中形成 npn 型的双极结型三极管。通过扩散形成半导体结的工艺，要设法在 CMOS 和双极结型之间通用化，使工艺尽可能简约，工艺路线尽可能短。

现在大量的 BiCMOS 都已实现制品化，但在确保功能的基础上，为了实现工艺方便、结构简单，每一种的工艺顺序和组合是千差万别的。

所谓 SOI（Silicon On Insulating Substrate），是在绝缘体层之上形成 Si 层制成 **SOI 基板**，再按如前所述的方法，在 SOI 基板上形成器件。经多年的研究开发，SOI 器件已有各种类型的产品面市。与使用硅晶圆的情况相比，使用 SOI 基板由于不受普通 Si 基板固有容量的限制，有可能实现器件的更高性能化。

SOI 基板的制作方法，有晶圆键合法和通过氧离子注入硅基板内部形成绝缘层而被称为 **SIMOX**（Separation by IMplanted OXygen）的方法。这两种方法都是复合工艺的产物，此后又都有各种各样的变化和进展。20 世纪 60 年代后期，通过在蓝宝石基板上外延硅单晶层，开发出 **SOS**（Silicon On Sapphire）器件。通过优化外延条件可以控制并提高硅单晶外延层的质量，甚至可以按要求制作 Si-Ge 层及梯度材料层等，人们期待这种方法会在半导体材料创新方面有所作为。

图 2 表示 SOI 基板上形成的器件的断面结构。(a) 采用 SIMOX 或键合基板。通过 SIMOX 或键合结构，SiO_2 之下的硅只是作为支持台，对于器件特性完全没有任何贡献。因此，采用 (b) 所示的蓝宝石基板。如图所示，即使支持母体整体都是绝缘体也不存在任何障碍。在制定工艺程序时，仅考虑在 SOI 基板上制作什么样的器件即可，不必特别对 SOI 基板有什么考虑，但由于是 SOI 基板，个别工艺条件可能会受到制约。实际上，SOI 基板的形成是其关键所在。

（1）什么是 BiCMOS 器件？它应用于何种装置中？
（2）什么是 SOI 器件？它有哪些优点？
（3）说明 SIMOX 或键合基板及蓝宝石基板 SOI 器件的结构。

图 1　BiMOS 器件的结构

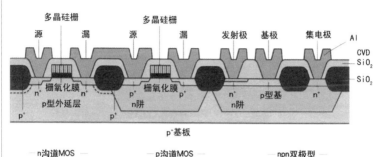

图 2　使用 SOI 基板的器件结构

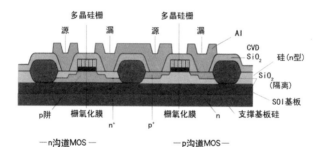

(a) SIMOX 或键合基板

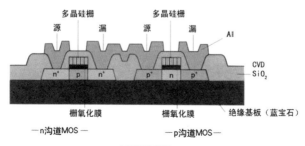

(b) 蓝宝石基板

3.2 LSI 的制作工艺流程
3.2.1 利用光刻形成接触孔和布线层的实例

　　光刻技术是一类特殊的照相制版技术，它是采用掩模（mask）将电路图形由光刻胶转写－显影，经刻蚀，形成需要的电路图形。该工程依场所不同也简称为 photolitho－ 工程、photo－ 工程、litho－ 工程等。图形曝光中使用的缩小投影曝光装置（Steper）是半导体制造装置中最为昂贵的，属于超高精密光学仪器。器件制造中要经过分步相机 20 ～ 30 次的反复曝光，因此光刻工程是 IC 芯片制程的中枢。

　　图 1（上）表示光刻工艺的实例。图中表示接触孔加工以及与之连接的布线加工的实例。首先，在半导体基板上形成绝缘膜。此处，在绝缘膜的下方，半导体元件的一部分已预先形成扩散层。此扩散层的作用是实现电气接触，因此需要在绝缘膜上开孔。这便是**接触孔图形**。为此，需要在已形成的绝缘膜上涂布称为**光刻胶**的感光性树脂。一般，光刻胶膜的厚度在 0.5 ～ 1μm，采用旋转涂布法涂布。膜层经 100℃ 左右的热处理，使光刻胶中的有机溶剂挥发。此后，采用紫外线，用掩模图形对光刻胶投影，则在光刻胶中形成掩模图形的潜像。在此，作为接触孔图形，是按所希望的位置开出相对应的孔。接着进行曝光后的坚膜烘焙，烘焙温度一般在 100 ～ 150℃。此后，利用显影液进行显影处理。

　　光刻胶材料分**正型**和**负型**两种，如图 2 所示，前者掩模图形透光部分曝光的光刻胶溶解于显影液，而后者掩模图形透光部分曝光的光刻胶在显影液中不溶解。通过掩模图形的明暗与光刻胶种类的组合，可获得所希望的图形。工业上正型光刻胶使用较多。

本节重点
（1）说明光刻胶具有感光性的原理。
（2）结合图 1 说明利用光刻胶形成接触孔和布线层的过程。
（3）什么是正型和负型光刻胶？光刻工艺中多采用哪一种？

图 1　利用光刻形成接触孔和布线层的实例

氧化膜　扩散层

光刻胶膜　　潜像　　氧化膜刻蚀

氧化膜形成

光刻胶膜形成　接触图形曝光

氧化膜刻蚀

Al 膜成膜

光刻胶膜　　潜像

光刻胶膜形成　布线图形曝光

Al 布线

Al 膜刻蚀

图 2　正型光刻胶和负型光刻胶的对比

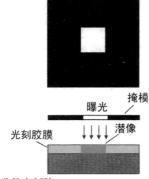

掩模

曝光

光刻胶膜　　潜像

受光照射部分的光刻胶
在显影液中是可溶的

受光照射部分的光刻胶
在显影液中是不可溶的

正型光刻胶的情况

负型光刻胶的情况

3.2.2 曝光，显影

在微影曝光工程中，首先要在硅圆片表面均匀地涂布感光性树脂光刻胶，涂布操作需要在涂胶机（Coating）中进行。如图1、图2所示，在涂胶机中，将硅圆片固定在旋转甩胶台上，抽真空，由上方的喷嘴向硅片表面中心滴入液态光刻胶，由于硅圆片高速旋转，从而在表面形成均匀的光刻胶薄膜。

光刻胶的感光性对温度、湿度很敏感，在超净工作间内操作光刻胶的区域要用特殊的橙色光照明，而且必须特别注意控制温度和湿度。

涂布好光刻胶的硅圆片，要装在称作步进重复曝光机的曝光装置中进行掩模图形的复制。对于不同光源的光，采用各种各样的透镜系统，通常利用实际图形5倍大小的掩模，进行缩微投影，先对一个芯片进行曝光，此后通过步进重复（step-and-repeat），对整个硅圆片进行扫描。决定步进重复曝光机性能的两大要素，一是光的波长，二是透镜的数值孔径（NA）。换句话说，能稳定地形成多么微细的图形取决于这两个因素，要想得到更高的分辨率，需要利用波长更短的光和数值孔径更大的透镜。但与此同时，焦点的深度也会变浅，由于元件表面凹凸很多，如果焦点深度太浅，芯片内部就会出现结像不实的状态，从而也就难以形成微细化的图形。因此，为了实现图形的微细化，必须同时对元件表面进行平坦化处理。

曝光后的硅圆片在经过PEB（Post Exposure Bake：曝光后烘烤）后，进行显影（又称显相）处理。用g线及i线对光刻胶曝光时，由于驻波的影响，光刻胶图形的边沿会变成微型锯齿状。上述PEB处理的目的之一是消除这种微小缺陷，另一个目的是，对于准分子激光光刻胶来说，可以通过催化反应加速酸的产生。显影要在显影机（Developer）中进行，将强碱性显影液TMAH[N(CH$_3$)$_4$OH]滴在或喷射在硅圆片上。显影处理中所利用的光化学反应，对于g线、i线光刻胶和准分子激光光刻胶是不同的，但最为重要的是，以"正光刻胶"为例，利用光照射部分光刻胶的化学反应，在碱溶液作用下化学结构发生变化，进而溶于显影液中。而未被光照射部分的光刻胶图形则不发生变化而保留下来。显影后的硅圆片要在烘箱中热处理，以使光刻胶中残留的冲洗液及水分蒸发，同时增加光刻胶的热稳定性。在此之后送入干法刻蚀工序。

本节重点
(1) 介绍利用涂胶机涂布光刻胶工艺过程及工艺参数。
(2) 按顺序说明掩模曝光的八个步骤。
(3) 介绍曝光后的硅圆片进行显影（又称显相）的过程。显影后的硅圆片还要进行何种处理？

图 1　掩模曝光的八个步骤

(a)气相成底膜

光刻胶

(b)旋转涂胶

(c)预焙

紫外光

掩模板

(d)对准和曝光

(e)曝光后烘焙

(f)显影

(g)坚膜烘焙

(h)显影检查

图 2　显影液的滴下方式和喷射方式

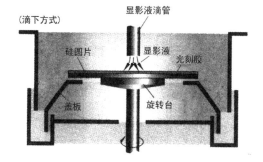

(滴下方式)

显影液滴管

硅圆片

显影液

光刻胶

盖板

旋转台

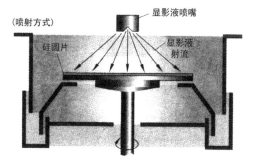

(喷射方式)

显影液喷嘴

硅圆片

显影液
射流

3.2.3　光刻工程发展梗概

光刻工程如图 1 ～ 2 所示。从在基板上涂布光刻胶开始，而后，进行曝光、显影、刻蚀、去除使用过的光刻胶等一系列步骤。图中将整个工艺流程分成前半和后半两部分，分别称为光刻工艺 I 和光刻工艺 II。I 中进行的是电路图形向光刻胶膜的转写，即对光刻胶进行处理的工序；II 中进行的是利用该光刻胶图形对基体膜进行加工的工序。后半工序包括蚀刻和光刻胶去除两步。图 1 表示光刻技术的工艺流程以及前半（光刻工艺 I）和后半（光刻工艺 II）的划分。

光刻工艺 I 相当于照相制版技术中直到显影完成的部分，最终要在光刻胶上留下所需要的电路图形。电路图形是利用曝光装置，通过光刻掩模，在光刻胶上选择性地照射紫外光，利用光刻胶内部的光化学反应，形成电路图形的潜像。通过对该潜像显影，形成光刻胶图形。

现在的曝光装置仅从 20 世纪 60 年代算起，就经历过多次的技术革新，且早已进入缩小投影曝光装置（Steper）时代。随着图形微细化的进展，其性能也不断提高，使用的光源已进入到紫外、远紫外、深紫外（deep UV）区域。Steper 是由光学设备厂商提供的半导体制造装置，由照明系统、透镜系统、精密移动台架等组成，属于高度精密设备。它是依照半导体制造技术路线图，依照明确的技术目标设定而开发的，半导体器件厂商对于 Steper 厂商的依赖度几乎达 100%。

光刻胶（感光性树脂）是由化学品厂商提供的，每个时代所用的光刻胶对于紫外线波长来说都有足够的灵敏度（感度），这是为得到高图像分辨率的感光性聚合物材料开发的成果。对金属污染及颗粒混入的管理极为严格，无论同一批次内，还是不同批次间，对于均质性的要求都极为严格，属于精细化学（fine chemistry）产品。尽管光刻胶材料本身并非特殊，但用于 VLSI，不仅要求极严，而且身价倍增，越是用于短波长的，附加值越高。

在光源短波长化的同时，对光刻胶特性的要求越来越严，烘焙及显影条件等需要更高的管理水平。特别是，KrF、ArF 光源光刻用的"化学增幅型光刻胶"更应提起注意，例如，烘焙时的温度管理需要比以前要严格得多。

本节重点

(1) 什么是光刻？指出光刻工艺 I 和光刻工艺 II 的范围。
(2) 半导体器件厂商对于 Steper 厂商的依赖度几乎达 100%。
(3) 介绍曝光波长向短波长的进展及相应对光刻胶的要求。

图1 光刻Ⅰ和光刻Ⅱ的区分（光刻总流程）

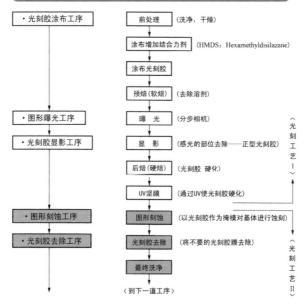

图2 利用负型光刻胶和正型光刻胶的光刻流程

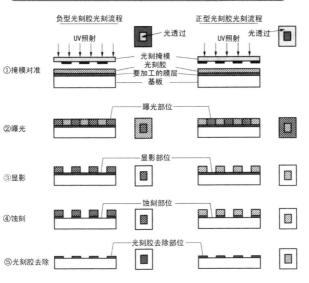

3.2.4 "负型"和"正型"光刻胶感光反应原理

光刻胶材料通常是将感光性树脂成分溶解于有机溶剂中制成的，利用旋转涂布，在基板上成膜。通常是将甩胶涂布机（Spin-coater）及烘焙炉等在线布置，进行连续处理。

光刻胶分"负型"和"正型"两种，从现状看，提高图像分辨率角度以正型为主流。负型和正型光刻胶的光刻过程如3.2.3节图2所示。负型是被曝光的部分发生聚合而硬化，通过显影使未曝光的部分溶出，而曝光的部分保留而成像；正型是被曝光的部分发生分解，或变成对于显影液可溶性的结构，通过显影使未曝光的部分保留。因此，对于形成同一基体膜图形的情况，负型和正型可以通过具有白黑反转的光刻掩模来实现。

表1给出负型和正型光刻胶的比较。对于负型来说，因需要保留的光刻胶图形（曝光部分）受显影液作用发生膨胀，会使图像分辨率下降。尽管正型光刻胶在稳定性及固定性，操作等方面都存在微妙的困难，但为了获得更高的图像分辨率，它更多被采用。对于实际产品来说，显影特性十分重要，要求曝光部分与未曝光部分的溶解度差（对比度）要尽量高。

图1给出一般使用的负型和正型光刻胶的化学结构和感光原理。负型是在溶剂中含有具有感光特性的双叠氮系化合物和环化橡胶系的树脂，通过光照，会引发图中所示的桥架反应，经由聚合而硬化，在作为显影液而使用的二甲苯等的混合溶液中不溶解。也就是说，利用曝光部分与未曝光部分的溶解度之差而使图形显影。

负型是在溶剂中含有具有感光性材料（醌二嗪系化合物）和酚系树脂，在碱溶液中是不溶的。但通过光照而发生分解，变成碱液中可溶的。因此，若采用碱溶液就可以实现图形显影。

本节重点
（1）说明负型光刻胶的感光反应原理。
（2）说明正型光刻胶的感光反应原理。
（3）为什么更多采用的是正型光刻胶？

表 1　光刻胶的性能比较

性能及参数	负型光刻胶	正型光刻胶
化学稳定性	稳定	略显不稳定
灵敏度(感度)	比较高	比较低
图像分辨率	稍低	高
显影容许度	大	小
氧的影响	大	小
涂布膜厚	由于图像分辨率关系，不能厚	可以涂布得较厚
台阶覆盖度	不太好	非常好
光刻胶去除难易度(图形成型后)	略显困难	容易
耐湿法蚀刻性	良好	不十分好
耐干法蚀刻性	略差	良好
与SiO_2的结合性	良好	不十分好
机械强度	强	弱

图 1　光刻胶因感光而发生反应的原理

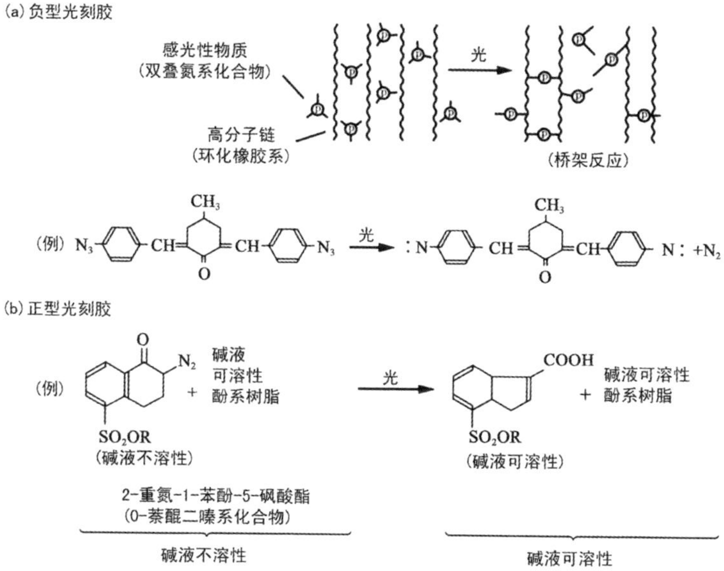
(a) 负型光刻胶
感光性物质
(双叠氮系化合物)
高分子链
(环化橡胶系)
光
(桥架反应)
(例)
CH3
N3
CH=
=CH
O
N3
光
:N
CH=
=CH
N: +N2
(b) 正型光刻胶
(例)
O
N2
碱液
可溶性
+ 酚系树脂
SO2OR
(碱液不溶性)
光
COOH
碱液可溶性
+ 酚系树脂
SO2OR
(碱液可溶性)
2-重氮-1-苯酚-5-砜酸酯
(0-萘醌二嗪系化合物)
碱液不溶性
碱液可溶性

3.2.5　光刻工艺流程

随着缩小投影曝光装置（Steper）用光源的短波长化（从 g 线到 i 线），光刻胶也在不断改良中。即使在采用准分子激光短波长光源中，也开发出 KrF 用及 ArF 光源用的光刻胶。但是，材料仍然不算完善。传统正型光刻胶还存在吸收这些短波长的光后难以分解的倾向。

与之对应，最近化学增幅型光刻胶的概念引起人们的关注，作为对应 KrF、ArF 准分子激光的光刻胶，在实用化方面迈出坚实的步伐。如果采用这种光刻胶，对于短波长光就有可能实现高灵敏度（感度）的图像分辨。

化学增幅型光刻胶是在有机溶剂中含有酸发生剂和溶解抑制剂，通过曝光，使之发生酸。一旦加热，这种酸作用于溶解抑制剂，使之分解，变成碱性显影液中不溶的结构。这种反应是利用酸的一种触媒反应。因此，对触媒的扩散等的控制就显得十分重要。而且，对于化学增幅型光刻胶来说，在引起触媒反应的烘焙（加热）过程中，必须对温度、周围气氛、时间等进行严格的管理。

为了短波长紫外线曝光场合的光刻胶向上述化学增幅型转变，对于装置来说，要求不同于传统的严格的管理条件。

下图更为详细地给出利用光刻胶进行光刻的工艺流程，每个工序所用设备也在图中给出。

在半导体设备领域，光刻机是芯片制造过程中最核心的设备，荷兰 ASML 公司生产的 EUV 光刻机，目前最高端型号的售价约 1.1 亿美元。生产芯片的核心设备就是它！英特尔（美国硅谷）、台积电（中国台湾新竹）、三星（韩国首尔）等芯片大腕全要仰仗 ASML 这位"芯片皇后"，但因为瓦森纳协定的封锁对中国禁售。所以，我们只好一年花 2600 亿美元进口芯片。

本节重点
（1）说明化学增幅型光刻胶的工作原理。
（2）详细介绍光刻工艺流程，并说明每个工序的主要设备。
（3）调研世界范围内光刻机的生产及使用情况。

利用光刻胶进行光刻的工艺流程

工艺流程	设备/方法
前　处　理	·毛刷清洗 ·高压水洗净
脱　水	·烘烤炉烘烤
涂布增加结合力剂	·回转涂布装置 ·蒸气处理
涂布光刻胶	·回转涂布装置
特殊处理工程	·特殊药液处理工序
预　焙 （软　烘　焙）	·烘箱 ·红外加热方式 ·微波加热方式 ·热板加热方式
去除背面、侧面 的光刻胶	·侧面蚀刻装置 ·周边部位曝光装置
掩　模　曝　光	·掩模对准
特殊处理工程	·特殊药液处理工序
显　影 （冲洗）	·浸渍显影装置 ·喷流显影装置 ·回转显影装置
干 式 显 影	·等离子体显影装置
检　查	·检测台
曝光后烘焙 （硬烘焙）	·烘箱 ·红外加热方式 ·微波加热方式 ·热板加热方式
紫外线硬化 （UV坚膜）	·紫外线照射方式
图 形 蚀 刻	·蚀刻装置
检　查	·检测台
光刻胶去除	·光刻胶剥离装置 　·湿法剥离 　·干法剥离

光刻工艺 II

3.2.6 硅圆片清洗、氧化、绝缘膜生长——光刻

在 LSI 的制作工艺中，需要在晶圆上成膜及进行高温热处理等，通常在进行这些处理前必须进行**清洗**以去除表面沾污及杂质等异物。清洗工序通常由"将晶圆浸入酸溶液等中，溶解、去除异物，用流动的纯水漂洗（rinse），经干燥去除水分"等一系列的操作组成，工艺路线很长，重复次数很多，但不可或缺。

在 900℃ 左右的高温水蒸气环境中，使硅与氧发生反应（**热氧化**），在硅圆片表面生长**硅氧化膜**（SiO_2）。接着，在高温下通过硅烷（SiH_4）与氨（NH_3）的 **CVD（化学气相沉积）** 反应，在氧化膜上生长**氮化硅（Si_3N_4）膜**（图 2 ②）。

为了在硅圆片上形成图形，首先要进行光刻（照相刻蚀）工序（图 2 ③）。具体讲，要经过以下的步骤：

（1）在硅圆片上滴下**光刻胶**（感光性树脂），使硅圆片高速旋转，在其表面形成厚度均匀的光刻胶膜，如图 2 所示。

（2）将在透明石英玻璃基板上利用铬等遮光膜形成图形的光刻掩模（mask or reticle）装于缩小投影曝光装置（Steper）上，将光刻掩模与硅圆片对准（调正）后，通过光刻掩模对光刻进行曝光（照射），完成光刻掩模图形的转写。在 LSI 制作工艺中，要针对构成三极管的各个部分，使用不同的掩模按顺序形成，因此要按已经形成的图形对准，进行曝光。而且，光刻掩模一次只形成一个芯片部分的图形，需要在硅圆片表面按一个一个芯片的顺序反复（步进）曝光，完成全硅圆片的图形转写。

（3）在光刻胶上滴下显影液（**显像处理**），则激光照射部分的光刻胶溶于显影液，而不被激光照射部分的光刻胶不溶而残留，这样就形成了光刻胶图形（图 2 ④）。在此，以光刻胶图形溶解的光刻胶（**正型光刻胶**）为例加以说明，也有激光照射部分不溶于显影液的光刻胶（**负型光刻胶**）。

本节重点

（1）结合图 1 说明典型 MOS 三极管的结构。
（2）在典型 MOS 三极管中哪些结构是由光刻工艺制作的？
（3）说明集成电路制作中栅氧化膜的形成过程。

图1　典型的MOS三极管构造及藉由离子注入进行杂质掺杂的部位

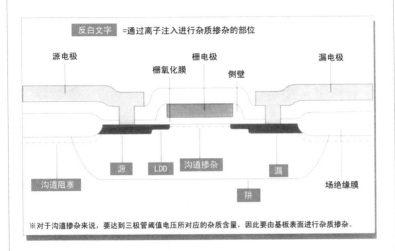

反白文字 =通过离子注入进行杂质掺杂的部位

源电极　栅氧化膜　栅电极　侧壁　漏电极

源　LDD　沟道掺杂　漏

沟道阻塞　阱　场绝缘膜

※对于沟道掺杂来说，要达到三极管阈值电压所对应的杂质含量，因此要由基板表面进行杂质掺杂。

图2　LSI 的制作工艺流程①～④

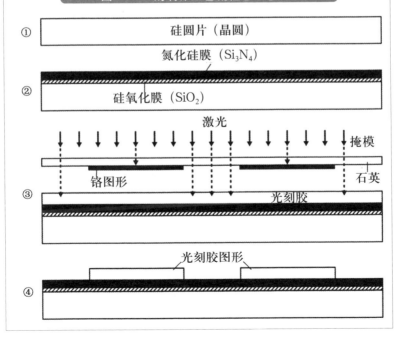

① 硅圆片（晶圆）

氮化硅膜（Si_3N_4）

② 硅氧化膜（SiO_2）

激光　掩模

铬图形　石英

③ 光刻胶

光刻胶图形

④

3.2.7　绝缘膜区域刻蚀——栅氧化膜的形成

对光刻胶在100℃温度下固化后，采用碳氟化合物等离子体气体的干法刻蚀（dry-etching），以光刻胶为掩模按顺序依次将硅氮化膜和硅氧化膜去除（图示流程⑤）。

进一步用卤化物气体等对硅基板的硅进行干法刻蚀，形成**浅沟槽隔离**（Shallow Trench Isolation，STI）（图示流程⑥）。STI对各个三极管起到电气绝缘分离的作用。

干法刻蚀后，采用氧等离子体对光刻胶进行灰化（ashing）去除（图示流程⑦）。此外，去除光刻胶还有采用溶液的方法，通称为**光刻胶剥离**。

在高温氧气中对晶圆片进行**热氧化**，在露出硅的STI内壁上生长薄的硅氧化膜（图示流程⑧）。

利用硅烷气体和氧气的CVD法，在晶圆表面生长厚的硅氧化膜，用于STI的埋置（图示流程⑨）。

利用**CMP**法对硅氧化膜研磨，平坦化，使STI沟部分埋置硅氧化膜（图示流程⑩）。

在表面露出的硅氮化膜采用磷酸热溶液**湿法刻蚀**（wet-etching）后，进行光刻工序，此后，将形成**n沟道MOS三极管**的部分用光刻胶覆盖。

对晶圆进行磷（P）**离子注入**，将形成**p沟道MOS三极管**的部分形成n阱（n型导电层的阱）（图示流程⑪）。对晶圆进行全面的离子注入，但覆盖光刻胶的部分只是注入光刻胶中而不能到达基板。这样，光刻胶即作为离子注入的掩模。

光刻胶剥离后，用氢氟酸将晶圆表面的薄氧化膜湿法刻蚀去除，露出硅表面（图示流程⑫）。

在高温氧气气氛中对晶圆热氧化，使表面生成硅氧化膜（图示流程⑬）。它便成为**栅氧化膜**。由于栅氧化膜是决定MOS三极管性能的"命"，因此不使用离子注入的氧化膜等，而是在清洁的状态下由热氧化制取。

本节重点

（1）什么是STI？它起什么作用？是如何选材的？
（2）什么是CMP？它起什么作用？是如何操作的？
（3）为什么说"栅氧化膜是决定MOS三极管性能的'命'"？

LSI 的制作工艺流程⑤～⑬

硅氮化膜、硅氧化膜去除
↓

⑤

浅沟槽隔离
↓

⑥

⑦

硅氧化膜（热氧化）
↓

⑧

埋入用的硅氧化膜

⑨

浅沟槽隔离

⑩

磷（P）离子注入
↓

光刻胶

⑪ n 阱

n 沟道   p 沟道

⑫

栅氧化膜

⑬

3.2.8 栅电极多晶硅生长——向n沟道源－漏的离子注入

采用CVD法使硅烷气体在氮气中热分解，进行**多晶硅**(poly-silicon)生长（图示流程⑭）。在CVD生长中在此多晶硅添加磷及砷等n型导电杂质，或者在生长后通过离子注入进行添加。

利用光刻、刻蚀及光刻胶剥离等，使多晶硅形成图形（图示流程⑮）。由此作为**栅电极**（多晶硅栅）。

进行光刻工序，p沟道部分被光刻胶覆盖后，注入磷离子，在n沟道部分形成低浓度的浅n型导电区域（延伸）（图示流程⑯）。这时覆盖p沟道部分的光刻胶起到离子注入掩模的作用。而且，n沟道栅极也起到离子注入掩模的作用，因此栅极正下方不被离子注入，n型导电区域相对于n沟道栅极，通过自对准（自调整）决定位置而形成。

光刻胶剥离后，利用后续的光刻工序，对n沟道部分覆盖光刻胶，通过硼（B）离子注入在p沟道部分低浓度的浅p型导电区域（延伸）相对于p沟道电极，通过**自对准**（自调整）决定位置而形成（图示流程⑰）。

光刻胶剥离后，利用CVD法生长硅氧化膜（图示流程⑱）。

利用各向异性干法刻蚀，对晶圆进行全面刻蚀，仅有栅电极侧壁的硅氧化膜得以保留（图示流程⑲）。以此作为栅电极的**侧壁氧化膜**。在此所使用的对晶圆全面的刻蚀工序称为**反向刻蚀**（etch-back），利用在台阶部位等所形成的生长膜的厚度差而使部分膜层保留的情况。

进行光刻工序的p沟道部分被光刻胶覆盖后，进行砷离子注入。这样，在向n沟道三极管的栅多晶硅导入杂质的同时，向作为**源和漏**的高浓度的n型导电区域（n^+区域）形成。此区域，相对于n沟道三极管的栅极侧壁由自对准定位而形成（图示流程⑳）。

（1）n阱和p阱是如何形成的？
（2）多晶硅层起什么作用？它是如何形成的？
（3）n沟道和p沟道是如何形成的？

LSI 的制作工艺流程⑭～⑳

⑭ 多晶硅

⑮ 栅极

⑯ 磷 (P) 离子注入
光刻胶
n 型区域
n 沟道　　　　　p 沟道

⑰ 硼 (B) 离子注入
光刻胶
p 型区域

⑱ 氧化膜

⑲ 侧壁

⑳ 砷 (As) 离子注入
光刻胶
源　n⁺ 区域　漏
n 沟道　　　　　p 沟道

3.2.9　向 p 沟道的光刻、硼离子注入——欧姆接触埋置

　　光刻胶剥离后，进行光刻工序，n 沟道部分由光刻胶覆盖，进行硼离子注入。这样，在向 p 沟道三极管的栅多晶硅导入杂质的同时，p 沟道区域的作为源和漏的高浓度的 p 型导电区域（p^+ 区域）形成。此区域，相对于 p 沟道栅极侧壁，由自对准定位而形成（图示流程㉑）。

　　光刻胶剥离后，利用溅镀法生长钴（Co）膜（图示流程㉒）。

　　对晶圆加热处理，在硅与钴相接触的部分（源，漏，栅），硅与钴发生反应形成钴的**硅化物**（$CoSi_2$）。此后，进行湿法刻蚀处理，去除未发生反应的钴。通过这种处理，硅面与栅极多晶硅部分的钴硅化物的膜不被刻蚀而存留（图示流程㉓）。这种钴硅化物的形成方法也是一种自对准。

　　通过采用硅烷气体与氧气的 CVD 法生长作为厚绝缘膜的硅氧化膜（图示流程㉔）。

　　采用 CMP 法对硅氧化膜研磨至一定的厚度，实现表面平坦化（图示流程㉕）。

　　利用光刻、刻蚀及光刻胶剥离等在硅氧化膜中开出引出电极用的**接触孔**（连接孔）（图示流程㉖）。

　　利用溅镀法生长作为**阻挡膜**的氮化钛（TiN）膜，接着利用 CVD 法生长钨（W）膜（图示流程㉗）。

　　利用 CMP 法研磨钨膜，使其平坦化，使接触孔中的钨保留。接着利用 CMP 法对表面的氮化钛（TiN）膜进行研磨。利用这种方法埋置称为钨塞（钨柱）的电接触（图示流程㉘）。

（1）Co 膜起什么作用？它是如何形成的？
（2）W 膜起什么作用？它是如何形成的？
（3）TiN 膜起什么作用？它是如何形成的？

LSI 的制作工艺流程 ㉑～㉘

n 沟道　　　硼 (B) 离子注入　　p 沟道

㉑　光刻胶　　　　　　　　　　P⁺ 区域

㉒　钴薄膜

㉓　钴硅化物

㉔　硅氧化膜

㉕

㉖　接触（连接）孔

㉗　钨(W)膜　　　　　氯化钛 (TiN) 膜

㉘　钨塞（柱）

3.2.10　第1层金属膜生长——电极焊盘形成

利用溅镀在晶圆上依次生长**氮化钛**（TiN）膜－铝（AI）膜和氮化钛（TiN）膜（图示流程㉙）。现在多以铝－铜合金（AI-Cu）替代铝，但这里以铝为例加以说明。

利用光刻、干法刻蚀及光刻胶剥离等使氮化钛（TiN）膜－铝（AI）膜和氮化钛（TiN）膜形成图形化，形成第1层的**金属布线图形**（图示流程㉚）。

以上所述即完成LSI回路的基本制造工艺流程，而先进的LSI还需要重叠多层布线层的所谓**多层布线结构**，下面继续以两层布线的实例加以说明。

为保证上层和下层布线层的绝缘，需要生长厚的层间绝缘膜（图示流程㉛）。一般是由硅烷气体与氧气通过等离子体CVD（PECVD）法生长硅氧化膜。

采用CMP法对层间绝缘膜（硅氧化膜）研磨至一定的厚度，实现表面平坦化（图示流程㉜）。

利用光刻、干法刻蚀及光刻胶剥离等对层间绝缘膜（硅氧化膜）进行刻蚀加工，开出层间导通孔（via hole）（图示流程㉝）。

利用溅镀在晶圆上依次生长氮化钛（TiN）膜－铝（AI）膜和氮化钛（TiN）膜。

利用光刻、干法刻蚀及光刻胶剥离等使**氮化钛**（TiN）膜－铝（AI）膜和氮化钛（TiN）膜形成图形化，形成第2层的**金属布线**图形（图示流程㉞）。

为了对布线金属及回路元件进行保护，利用CVD法生长**钝化膜**（绝缘膜）（图示流程㉟）。一般是由硅烷气体与氧气、氮气通过CVD法生长**硅氮氧化膜**（SiON）。

利用光刻、干法刻蚀及光刻胶剥离等部分地去除AI电极上的钝化膜，用于后道工艺的引线键合。以上便完成前道工艺。

本节重点

（1）多层布线是如何形成的？
（2）多层布线间是采用何种方式连接的？
（3）钝化膜起什么作用？它的组成是什么？是如何形成的？

LSI 的制作工艺流程 ㉙ ～ ㉟

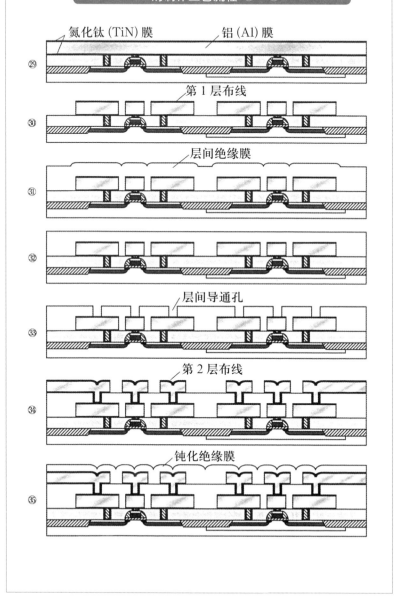

氮化钛 (TiN) 膜　　　铝 (Al) 膜

㉙

第 1 层布线

㉚

层间绝缘膜

㉛

㉜

层间导通孔

㉝

第 2 层布线

㉞

钝化绝缘膜

㉟

3.2.11 铜布线的大马士革工艺

下面介绍正替代铝的干法刻蚀，用于先进 LSI 布线的铜布线的大马士革（Cu Dual Damascene）工艺。

与铝相比，由于铜的电阻率低、耐电迁移性好，有利于实现 LSI 的高性能化和高可靠性。由于利用干法刻蚀进行微细加工困难，因此多采用大马士革工艺进行布线。这种方法可以获得平坦的布线，特别适合多层布线。

铜布线的大马士革工艺有**单大马士革工艺**和**双大马士革工艺**之分，前者层间道通孔与布线分别形成，后者层间道通孔与布线一次性地通过镀铜与 CMP 埋置而形成。

对应下图，对 Cu 布线的双大马士革工艺的流程做如下说明。

①利用 CVD 法，分别生长阻塞（stopper）绝缘膜、层间绝缘膜和布线间绝缘膜。

②两次反复光刻工序，包括图形形成、刻蚀、光刻胶剥离，以便在布线间绝缘膜、层间绝缘膜和阻塞绝缘膜中形成层间导通孔和布线沟槽。阻塞绝缘膜是在对布线间绝缘膜和层间绝缘膜通过刻蚀进行加工时，作为刻蚀阻塞而使用。

③利用溅镀法依次在表面形成**阻挡金属层**（防止铜扩散的膜层：TiN、TaN 等）和 Cu 打底金属层（电镀沉积的 Cu 膜）。

④利用电镀法在层间导通孔和布线沟槽中埋置 Cu。

⑤利用化学机械平坦化（CMP）法对研磨 Cu，使层间导通孔和布线沟槽中的 Cu 保留。接着研磨阻挡金属层，制成平坦的 Cu 布线图形。

对于多层布线的情况，反复进行流程①~⑤。

本节重点
(1) 结合图示对 Cu 布线的双大马士革工艺分 5 步加以说明。
(2) 说明双大马士革工艺与传统布线工艺的主要差异。
(3) 层间道通孔和布线是采用哪些材料、何种工艺制作的？

双大马士革多层布线工艺

生长多层
绝缘膜

①
- 布线间绝缘膜
- 阻塞 (stopper) 绝缘膜
- 层间绝缘膜
- 阻塞 (stopper) 绝缘膜

布线沟槽　　层间导通孔（开口）

② 利用光刻和干法蚀刻，在绝缘膜上制作层间导通孔和布线沟槽

打底金属图　　阻挡（防扩散）金属层

③ 利用溅射镀膜法依次在表面形成阻挡金属层和打底金属层

铜（电镀）

④ 利用电镀法生长铜，以便在层间导通孔和布线沟中埋置（填充）铜

铜布线

⑤ 利用 CMP 法对铜和阻挡金属层进行研磨，制成平坦的铜布线

3.2.12 如何发展我们的 IC 芯片制造产业

为形成一个 CMOS 晶体管结构要多次采用光刻技术（图示）。而且，即使是电阻及简单的布线等，只要形成一次结构，都离不开光刻技术。

光刻工艺涉及广泛的技术领域。随着步进重复曝光机光源不断向短波长进展，与之相关的技术领域，包括光源、光刻胶、曝光技术，刻蚀方法、精度保证及检测等也不断取得进步。

目前中国芯片行业从原料加工到产品制造的实力都相当有限。最上游缺乏强有力布局，即使如华为、小米都可以推出自研 SoC（System on Chip），但是在更上游的比如 CPU（中央处理器）依旧依赖英国 ARM 公司的解决方案。目前还没有能力独立推出全自主化的 SoC。

不掌握核心技术，产业就容易被遏制。自 2018 年起的一段时间内，我国手机厂商的日子会非常难过，因为下一代的技术飞跃如 5G、AI（人工智能）、VR（虚拟现实）、AR（现实增强技术）都还没有成熟，正在酝酿之中，到了 2020 年运营商才会开始部署 5G 网络，真正成熟要到 2022 年。去年华为、苹果等厂商打开了 AI 人工智能芯片时代的序幕，但毕竟还是初级阶段，这之间存在一个真空期。

中国半导体如何发展，是加大投入，还是理顺机制，是一直没搞清楚的事情。一种观点认为，通过砸钱加大投入就能成功，比如京东方在面板行业的经验，但是，半导体不是生产面板，而是一个产业链，上游制造，中游设计，下游封装，光靠单个环节砸钱不足以建立完整的产业链，没有完整的产业链，就不可能出现一家独秀的局面。

本节重点

（1）IC 芯片制程中采用几道光刻工程？每道分别完成何种加工？
（2）每道刻蚀加工分别针对何种材料？
（3）每道刻蚀加工分别采用何种方法及采用何种刻蚀剂等？

集成电路制程中光刻技术所处的位置

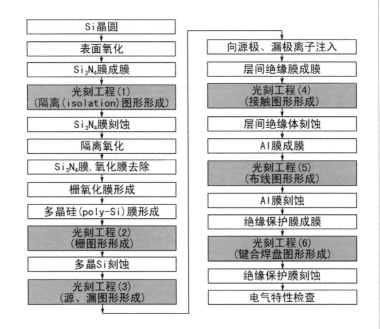

制作 MOS 三极管需要的六道光刻工艺:

(1) 形成隔离图形;

(2) 形成栅图形;

(3) 形成源、漏图形;

(4) 形成接触图形;

(5) 形成布线图形;

(6) 形成键合焊盘图形。

3.3 IC 芯片制造工艺的分类和组合
3.3.1 IC 芯片制造中的基本工艺

　　半导体制作工艺是与各种各样专门领域密切相关的综合技术。具体来说，可以区分为氧化、清洗、光刻等基本工艺，每种基本工艺都有专门的技术人员、研究者不断地进行探索、开发。而且，在集成电路生产的现场也有专门的技术专家担当各个不同领域的制程。每种基本技术都需要精湛的技术和丰富的经验，现实的情况是，要想将承担的工艺领域扩展至其他范围并非容易。

　　若对基本工艺做大分类、中分类、小分类，则如下表所示。作为大分类，有洗净、热处理、掺杂物导入、薄膜形成、光刻Ⅰ、光刻Ⅱ、平坦化等。各自都是围绕硅圆片，特别是硅圆片的表面和近表层来进行。

　　光刻工艺之所以分为光刻Ⅰ和光刻Ⅱ，是要对前者在光刻胶上转写掩模图形而后者形成实际的电路图形加以区分。另外，平坦化工艺作为加工技术，与其他工艺相比虽然显得有些"另类"，但自 20 世纪 90 年代后半段起，不但作为半导体工艺技术正式提到议事日程，而且在微细化和高集成度方面发挥着重要作用。

　　以上关于基本工艺的划分，在现在所有与工艺相关联的教科书中都是这样处理。器件厂商的组织，装置厂商的区分也大都按这种基本工艺来划分。

本节重点

（1）IC 芯片制造中的基本工艺有哪些？
（2）说出洗净工艺的中分类和小分类。
（3）说出掺杂物导入工艺的中分类和小分类。

集成电路制造中的基本工艺

大分类	中分类	小分类
洗净工艺	湿法洗净	药液洗净 纯水洗净 超声波，兆频波，高压喷射洗净
	干法洗净	等离子体清洁化 UV-O$_3$清洁化
热处理工艺	热氧化	加热炉处理和RTP处理 干式氧化和湿式氧化
	退火	结晶性回复，缺陷捕集，固（软）化 烧结，回流等
掺杂物导入工艺	离子注入	高电流注入，中电流注入，低加速高压注入，高加速电压注入等
	热扩散	气相扩散，固相扩散等
	等离子体掺杂	—
薄膜形成工艺	CVD	常压，减压，等离子体，高密度等离子体，光等
	PVD	溅镀，真空蒸镀，离子镀等
	涂布法	—
	电镀法	—
光刻技术Ⅰ （光刻胶工艺过程）	光刻胶处理	涂布，显像，光刻胶材料
	曝光技术	紫外线，准分子激光，电子束，X射线等
光刻技术Ⅱ （光刻胶工艺过程）	干法刻蚀	等离子体刻蚀，反应离子刻蚀（RIE），离子磨等
	湿法刻蚀	—
	灰化处理	—
平坦化工艺	CMP	—
	背面刻蚀	—

3.3.2　IC 芯片制造中的复合工艺

　　使几个基本技术相组合，便可以完结一个器件结构上的处理，这便是复合工艺，或称为工艺模块或工艺集成。现在，以工艺模块为单位的开发在各个器件厂家都在积极推进之中。

　　这样看来，鉴于半导体工艺的复杂性，按"**基本工艺**"（unit process）和"**复合工艺**"（process integration）分别考虑则更容易处理。

　　使基本工艺垂直组合，便组成复合工艺。复合工艺又称为工艺模块，使其连续化便可形成器件。如此说来，现在的半导体制作工艺既可以按纵型又可以按横型加以区分。

　　如 3.3.1 节表中所示，基本工艺技术有大分类、中分类、小分类之分。作为大分类包括洗净、热处理、掺杂物导入、薄膜形成、光刻、平坦化等。

　　如本节表中所示，复合工艺技术包括绝缘隔离技术（LOCOS 结构）、阱形成技术、栅氧化膜形成技术、栅电极形成技术、源－漏形成技术、电气接触形成技术等。而且，此表所示的基本工艺技术从上至下也表示模块化的器件制作流程。

　　从工艺流程可以看出，复合工艺实质上是基本工艺的模块化。如此将基本工艺相串联，将来就有可能实现工艺过程的标准化、通用化，进而会引起半导体器件生产形态及工厂布局的重大变化。

本节重点

　　（1）指出基本工艺与复合工艺的关系。
　　（2）IC 芯片制造中主要有哪些复合工艺？
　　（3）以阱形成复合工艺为例，它由哪些基本工艺构成？

集成电路制造中的复合工艺技术（与基本工艺技术的关联性）

复合工艺技术 （工艺集成、工艺模块等）	复合工艺技术的实例	基本工艺技术						
		洗净	热处理	薄膜形成	掺杂物导入	光刻I	光刻II	平坦化
基板工程 隔离技术	（LOCOS 结构）	○	○	○		○	○	○
阱形成技术	（p阱和n阱）	○	○	○	○	○	○	
栅绝缘膜形成技术	（氧氮化膜形成）	○	○	○				
栅电极形成技术	（多晶硅电极）	○	○	○		○	○	
电容结构形成技术-1（DRAM）	（ONO 电容）	○	○	○		○		
电容结构形成技术-2（FRAM）	（PZT 电容）	○	○	○		○		
源-漏形成技术	（LDD 结构）	○	○	○	○			
接触形成技术	（硅化物接触）	○	○	○				
绝缘膜平坦化技术	（BPSG 回流）	○	○	○				
布线工程 W塞形成技术	（掩盖W）	○	○	○				○
Al电极布线技术	（积层Al电极）	○	○	○		○	○	
Al多层布线结构形成技术	（采用Al、SOG的第一代工艺技术）	○ ○	○ ○	○ ○		○	○	○
低介电常数(low k) 膜结构形成技术	（涂布low k 膜）	○	○	○				○
Cu 布线技术	（大马士革结构）	○	○	○		○	○	○
钝化技术	（等离子体 CVD SiN）	○		○				

3.3.3　工艺过程的模块化

　　从下图所示的工艺流程可以看出，复合工艺实质上是基本工艺的模块化。如此将基本工艺相串联，将来就有可能实现工艺过程的标准化、通用化，进而会引起半导体器件生产形态及工厂布局的重大变化。

　　需要说明的是，在图示的复合工艺即模块化工艺中，尽管每个复合工艺模块都是由洗净、氧化、CVD、光刻、CMP、退火等基本工艺所组成，但对于不同的复合工艺模块，如隔离模块、栅极构成模块、Cu 布线模块等来说，每个基本工艺所包含的内容却不尽相同。现以晶圆洗净为例加以说明。

　　IC 芯片制造在净化间内进行。净化间内控制 5 类沾污：颗粒、金属杂质、有机沾污、自然氧化层和静电释放（ESD），它们都能影响器件的性能。颗粒必须小于关键尺寸的一半，否则就是致命缺陷。

　　空气要通过过滤来控制，用一个净化级别标准超净工作间的颗粒尺寸和密度。人员必须遵守超净工作间操作规程以减少沾污。厂房必须具有特殊的地板设计以减少沾污的引入，用层状气流和 HEPA 过滤器获得超净空气。通过空气电离来控制 ESD。超纯去离子水通过反渗透、超过滤和细菌控制等来控制许多类型的沾污。工艺用化学品和气体为了达到高纯度，配有各种级别的过滤、传输和处理程序。超净工作间中的设备使用特殊的工作台设计以减少沾污。通过微循环的使用使超净工作间变得更容易控制。

　　占统治地位的晶圆洗净方法是使用 SC-1 和 SC-2 的湿法工艺。颗粒和有机物通过 SC-1 去除，而金属通过 SC-2 去除。此外的湿法清洗液是 piranha 混合液，最后用 HF 处理。超声和喷雾清洗是用到 RCA 的两种常见清洗方法。刷洗器经常用于化学机械抛光（CMP）中去除颗粒。

本节重点
（1）隔离工艺模块包括哪些基本工艺过程？
（2）栅极构成模块包括哪些基本工艺过程？
（3）Cu 布线模块包括哪些基本工艺过程？

基本工艺过程与复合工艺技术的关系——工艺过程的模块化

（ ↓ ∷ 途中的行程省略）

3.3.4　基板工艺和布线工艺

　　如1.4.1节所述，半导体器件制程中有"**前道工艺**"和"**后道工艺**"之分。而在集成电路制作工艺流程中，为形成器件结构，前道工艺进一步分为前半段和后半段，如3.3.2节、3.3.3节图示。前半段包括在硅基板内做成三极管等元件，称其为**基板工艺**；后半段包括在硅基板上实施布线，称其为**布线工艺**。

　　之所以将半导体器件制作工艺流程分为基板工艺和布线工艺，是因为，布线工艺不再对作为半导体材料的硅进一步加工，而且随着器件的高密度和高集成度化，需要采用多层布线，与基板工艺相比，布线工艺更为复杂且耗时费力。6 ～ 7层的布线所需要的光刻次数及掩模数量，与基板工艺不相上下。

　　在这种方式中，形成三极管的"**基板工艺**"和"**布线工艺**"作为工艺过程是明确分离的。现在，不管是存储器还是逻辑器件，正越来越多地将基板工艺和布线工艺区分地进行。

　　本节图示是将采用 Al 多层布线的 CMOS 工艺流程按复合工艺（流程模块）为单位的表示，图的上部分为基板工艺，下部分为布线工艺。如图所示，从接触塞（conduct plug）形成工序便进入布线工艺，经层间绝缘膜形成及其平坦化工序， Al 电极布线结构形成再返回到接触塞形成，按布线的层数多次反复。最后经钝化工艺，转入封装、测试的后道工艺。

（1）指出前道工艺、后道工艺与基板工艺、布线工艺的关系。
（2）基板工艺包括哪些内容？
（3）布线工艺包括哪些内容？

基板工艺与布线工艺的接续（工艺过程模块化流程）

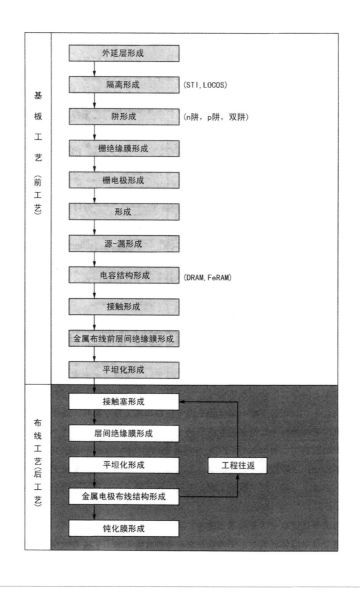

基板工艺（前工艺）
- 外延层形成
- 隔离形成　(STI, LOCOS)
- 阱形成　(n阱，p阱，双阱)
- 栅绝缘膜形成
- 栅电极形成
- 形成
- 源-漏形成
- 电容结构形成　(DRAM, FeRAM)
- 接触形成
- 金属布线前层间绝缘膜形成
- 平坦化形成

布线工艺（后工艺）
- 接触塞形成
- 层间绝缘膜形成
- 平坦化形成
- 金属电极布线结构形成
- 钝化膜形成

工程往返

书角茶桌

世界集成电路产业发展的领军人物

在世界集成电路产业发展史上，流传着"八个天才的叛逆"之说。

29 岁的诺伊斯是八人之中的长者，是"投奔"肖克莱最坚定的一位。当他飞抵旧金山后所做的第一件事，就是倾囊为自己购下一所住宅，决定永久性定居，根本就没有考虑到工作环境、条件和待遇。其他七位青年，来硅谷的经历与诺伊斯大抵相似。

可惜，肖克莱是天才的科学家，却缺乏经营能力；他雄心勃勃，但对管理一窍不通。特曼曾评论说："肖克莱在才华横溢的年轻人眼里是非常有吸引力的人物，但他们又很难跟他共事。"一年之中，实验室没有研制出任何像样的产品。八位青年瞒着肖克莱开始计划出走。

在诺伊斯带领下，他们向肖克莱递交了辞职书。肖克莱怒不可遏地骂他们是"八叛逆"（The Traitorous Eight）。青年人面面相觑，但还是义无反顾离开了他们的"伯乐"。不过，后来连肖克莱本人也改口称之为"八个天才的叛逆"。

"八叛逆"找到了一家地处美国纽约的摄影器材公司来支持他们创业，这家公司名称为 Fairchild，通常意译为"仙童"。从 Fairchild 诞生了 Intel、AMD 等半导体巨头公司，是硅谷的摇篮。

2016 年，中国公司希望以 26 亿美元购买 Fairchild，最后被美国的 On Semiconductor 公司以 24 亿美元收购。

威廉·肖克莱（William Shockley）

1910 年 2 月 13 日生于英国伦敦。美国物理学家，美国艺术与科学学院、电气与电子工程师协会高级会员。二战结束后，贝尔实验室开始研制新一代的电子管，具体由肖克莱负责。1947 年，肖克莱和他的两个同事发明了点接触晶体管，依靠这项发明荣获 1956 年度的诺贝尔物理学奖。1948 年 1 月 23 日，也就是点接触晶体管发明整整一个月的时候，肖克莱想到了结型晶体管的方法。1955 年，他在加州芒廷维尤创立了肖克莱实验室股份有限公司。他率先引导"硅谷"走向电子产业新时代，并获得了 90 多项发明专利。

约翰 · 巴丁（John Bardeen）

1908 年 5 月 23 日，巴丁出生于威斯康星州麦迪逊城。巴丁的研究领域包括半导体器件、超导电性和复制技术。1947 年 12 月 23 日，巴丁与肖克莱和布拉顿制成点接触晶体管，共同获得 1956 年度诺贝尔物理学奖。1957 年，巴丁离开贝尔实验室到伊利诺伊大学开始超导方面的研究。1972 年，巴丁与另两位科学家因提出低温超导理论获诺贝尔物理学奖。在同一领域中一个人两次获得诺贝尔奖，这在历史上是罕见的。

沃尔特 · 布拉顿 (Walter Houser Brattain)

1902 年 2 月 10 日生于中国厦门市。美国物理学家，美国科学院院士。曾获巴伦坦奖章、约翰 · 斯可特奖章。布拉顿长期从事半导体物理学研究，发现半导体自由表面上的光电效应。1947 年 12 月 23 日，布拉顿与巴丁和肖克莱发明点接触晶体管，因此共同获得 1956 年诺贝尔物理学奖。此外，他还曾研究压电现象、频率标准、磁强计和红外侦察等。

杰克 · 基尔比 (Jack Kilby)

1923 年生于美国密苏里州杰弗逊城。1958 年，基尔比加入了德州仪器公司。就在那年的 7 月，当公司所有的人都去度传统的双周假期时，他构思并设计出一个电路，将所有有源和无源元器件都集合到只有一个曲别针大小的半导体材料上。1958 年 9 月 12 日，基尔比发明的微芯片成功地进行了演示，这是世界上第一块集成电路。2000 年，基尔比因集成电路的发明被授予诺贝尔物理学奖。诺贝尔奖评审委员会曾经这样评价基尔比："为现代信息技术奠定了基础"。他一生拥有专利 60 多项。

罗伯特·诺伊斯 (Robert Noyce)

1927 年 12 月，罗伯特·诺伊斯生于美国爱荷华州。他与同伴自行创办了仙童半导体公司，他担任总经理一职。肖克莱称他们为"八个天才的叛逆"。1959 年 7 月，诺伊斯基于硅平面工艺，发明了世界上第一块硅集成电路，该集成电路更适合商业化生产。1968 年 8 月，诺伊斯与戈登·摩尔一起辞职，创办了著名的英特尔（Intel）公司，诺伊斯出任总经理。1970 年，Intel 推出世界上第一款 DRAM（动态随机存储器）集成电路 1103，实现了开门红。1971 年，推出世界上第一款微处理器 4004，揭开了基于微处理器的微型计算机的序幕。

此后，Intel 凭借技术创新的优势，成为全球最大的半导体厂商。

戈登·摩尔 (Gordon Moore)

1929 年 1 月 3 日生于旧金山佩斯卡迪诺，美国科学家，企业家，英特尔公司创始人之一。他也是"八个叛逆者"之一。1956 年，摩尔加入肖克莱半导体公司，之后诺伊斯和摩尔等 8 人集体辞职创办了半导体工业史上有名的仙童半导体公司。1965 年，摩尔提出"摩尔定律"。1968 年，摩尔和诺伊斯一起退出仙童公司，创办了 Intel。他的定律不仅把英特尔带到了产业的顶峰，也指引着多年来 IT 产业的发展。

琼·霍尔尼 (Jean Hoerni)

1924 年生于瑞士，为"八个叛逆者"之一。1959 年，他发明了平面工艺的一种叫做光学蚀刻的处理方法。霍尔尼创造了一个光罩，它就像一张底片，上面有一簇小孔，用来过滤掉不清洁的东西，然后让它在光线中翻动。在化学洗涤之后，金属板上只要是留下光阻剂的地方，杂质就不会散落到下面，以此来解决平面晶体管的可靠性问题，因而使半导体生产发生了革命性的变化，堪称"20 世纪意义最重大的成就之一"，并且奠定了硅作为电子产业中关键材料的地位。

弗兰克·威纳尔斯（Frank M.Wanlass）

他曾获得美国盐湖城犹他大学的博士学位，毕业后于 1962 年加入了仙童半导体公司，他被安排在由 C.T.Sah 领导的固态物理组。在 1963 年的固态电路大会上，他提交了一份与 Sah 合著的关于 CMOS 的构想报告，同时还用了一些实验数据对 CMOS 技术进行了大概的解释，同时，关于 CMOS 的主要特征也基本确定："静态电源功率密度低；工作电源功率密度高，能够形成高密度

的场效应真空三极管逻辑电路。"简而言之，CMOS 的最大特征就是低功耗。而今天，95% 以上的集成电路芯片都是基于 CMOS 工艺。

张忠谋

1931 年生于浙江。27 岁那年，作为麻省理工学院毕业的硕士生，他与半导体开山鼻祖、英特尔公司创办人摩尔同时踏入半导体业，与集成电路发明人杰克·基尔比同时进入美国德州仪器公司。1972 年，先后就任德州仪器公司副总裁和资深副总裁，是最早进入美国大型公司最高管理层的华人。1987 年，创建了全球第一家专业代工公司——台湾积体电路制造股份有限公司（简称"台积电"）。因在半导体业的突出贡献，他被美国媒体评为半导体业 50 年历史上最有贡献人士之一和全球最佳经理人之一。台湾人则尊他为"半导体教父"，因为是他开创了半导体专业代工的先河。

邓中翰

中星微集团创建人、董事长，"星光中国芯工程"总指挥。美国加州大学伯克利分校电子工程学博士、经济管理学硕士、物理学硕士。他是该校建校 130 年来第一位横跨理、工、商三学科的学者。1997 年，邓中翰加入 IBM 公司，做高级研究员，负责超大规模 CMOS 集成电路设计研究，并申请多项发明专利，获"IBM 发明创造奖"。一年后，邓中翰离开 IBM 回到硅谷，结合硅谷著名的风险投资基金，创建了集成电路公司 PIXIM, INC., 市值很快达到了 1.5 亿美元。后在国家信息产业部的倡议下，邓中翰决定在国内组建中国本土的芯片设计公司。1999 年 10 月，在中关村注册成立了"中星微电子有限

公司"。2001年3月11日，中星微"星光一号"研发成功。这是中国首枚具有自主知识产权、百万门级超大规模的数字多媒体芯片，同时结束了"中国硅谷"中关村无硅的历史。2001年5月，"星光一号"实现产业化。

薄膜沉积和图形加工

书角茶桌
　　世界芯片产业的十大领头企业

4.1 DRAM 元件和 LSI 元件中使用的各种薄膜

4.1.1 元件结构及使用的各种薄膜

DRAM(Dynamic Random Access Memory) 中实际存储信息的部分称为"存储单元"。如图 1 所示在存储单元部分，字线（word line）和位线（bit line）纵，横排列形成栅格状，每个交点处配置有"一个三极管以及与其串联的电容"，该选择三极管（select transistor）的栅极与字线连接，漏极与位线连接，电容器板上施加的电压为电源电压的一半。这种由"一个三极管与一个电容"所构成的单元就是存储单元。

DRAM 中的薄膜有很多种类。元件分离膜、栅绝缘膜和金属布线下层间膜，均为 SiO_2 膜，起到绝缘的作用。而电容绝缘膜，材料为 Si_3N_4，也起到绝缘作用。层间电极为多晶硅膜，金属布线为金属（Al、Cu）膜，位线为 WSi_2 膜，字线为多晶硅与 W、硅化物的积层膜，这些均为导电膜。

绝缘膜：Si 氧化膜、Si 氮化膜、低介电常数膜、高介电常数膜、铁电体膜；

金属·导体膜：铝及铝合金膜、高熔点金属膜、硅化物膜、导电性氮化膜、Cu 薄膜、其他；

半导体膜：外延膜、多晶 Si 膜、非晶态 Si 膜。

逻辑 LSI 电路分为 MOS 器件以及互连线两部分。基本的逻辑单元由 MOS 器件和局部互连线构成。反相器和与非门等组成逻辑电路的基本单元，以及寄存器和锁存器等时序逻辑电路的基本单元，再通过更高级别的互连线组成大规模集成电路。

逻辑 LSI 电路自下而上所采用的薄膜如图 2 所示，包括：元件分离膜，用来隔绝两个相邻的 MOS 管；栅绝缘膜，用来做栅极与衬底的绝缘层；Ti、硅化物膜，用于形成金属与硅的欧姆接触；金属布线下层间膜，用于金属互连线的绝缘；金属 Al 或 Cu 布线层；层间通孔埋置导体（W 膜）；连接金属布线层的氮化钛膜或钛膜；布线层间膜（SiO_2 或 SiOF 膜）；最上层是表面钝化膜（Si_3N_4 膜）。

本节重点

(1) 试对 DRAM 器件和逻辑 LSI 器件的结构进行对比。
(2) DRAM 器件中使用了哪些薄膜？
(3) LSI 器件中使用了哪些薄膜？

图 1　DRAM 中使用的各种薄膜

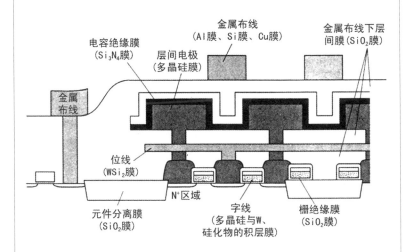

电容绝缘膜
(Si_3N_4膜)

金属布线
(Al膜、Si膜、Cu膜)

金属布线下层
间膜(SiO_2膜)

层间电极
(多晶硅膜)

金属
布线

位线
(WSi_2膜)

N^+区域

字线
(多晶硅与W、
硅化物的积层膜)

栅绝缘膜
(SiO_2膜)

元件分离膜
(SiO_2膜)

图 2　逻辑 LSI 中使用的各种薄膜

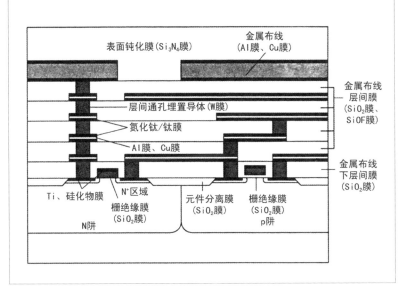

表面钝化膜(Si_3N_4膜)

金属布线
(Al膜、Cu膜)

金属布线
层间膜
(SiO_2膜、
SiOF膜)

层间通孔埋置导体(W膜)

氮化钛/钛膜

Al膜、Cu膜

金属布线
下层间膜
(SiO_2膜)

Ti、硅化物膜

N^+区域

元件分离膜
(SiO_2膜)

栅绝缘膜
(SiO_2膜)

栅绝缘膜
(SiO_2膜)
p阱

N阱

4.1.2　DRAM 中电容结构的变迁

　　DRAM 是一种重要的存储结构。该类型的存储 IC 工作速度很快，常用于 LSI 系统的核心区域的缓存。然而 DRAM 在中断电源之后数据会丢失，因此需要不断地刷新每个单元，为每个单元的电容充电来维持数据信号。图 1 表示 DRAM 中电容结构的变迁，图 2 表示快内存储器的单元阵列。

　　由于 DRAM 的特点，它的数据存取速度以及刷新速度是我们关心的重点。其中每个单元中的 MOS 结构的充放电过程可以用 RC 二端口网络模型来模拟，特征时间为 RC，是限制 DRAM 的工作频率的主要参数。因此，想降低 DRAM 充电与放电的特征时间，提高工作频率，就要不断地减小 DRAM 的电容。同时，电容的面积也是我们关心的重点，随着芯片集成度的不断提高，DRAM 的容量也不断倍增，电容的面积也应该向着更小的方向发展才能适应这一发展趋势。最早期是平板型电容器构造，占用面积很大。后来出现了叠层型电容器构造与沟槽型电容器构造，分别体现了向上与向下两个方向的发展趋势。之后出现了沟槽再叠层型电容器构造，结合了二者的结构特点，使得单个单元的面积更小。

　　半导体存储器（特别是 DRAM）芯片的存储容量，基本上是按每 3 年 4 倍的速度增加（摩尔定律），随着存储容量的增加，半导体存储器相应地更新换代。为制作 DRAM，规定器件各部分的尺寸及相互位置关系的"设计基准"，每 3 年缩小到前一代的70%。与此相对，每更新一代，存储容量增加 4 倍，即使如此，芯片面积并不增加到原来的 4 倍，而只是增加到大约 1.5 倍。伴随着 DRAM 的更新换代，芯片尺寸之所以必须控制在如上所述的1.5 倍，主要是基于经济方面的理由。在存储容量增加到 4 倍的同时，还必须确保有竞争力的售价，因此必须极力避免芯片尺寸的增大，与此相应的技术革新是必不可少的。而且，即使对同一代的 DRAM 来说，采取压缩（缩小）方式，也可以使芯片尺寸进一步缩小。如果在微细加工技术中进一步引入芯片压缩技术，则从 1 块硅圆片可取出的有效芯片数就会增加，结果可使价格进一步降低。

本节重点
（1）为了提高 DRAM 器件的存储密度，需要采用哪几种电容结构？
（2）半导体存储器存储密度增加的根本原因是什么？
（3）画出快闪存储器的单元阵列。

图 1　DRAM 中电容结构的变迁

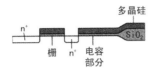

(a) 平面型电容器构造

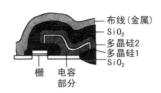

(b) 叠层型电容器构造

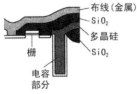

(c) 沟槽型电容器构造

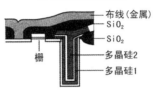

(d) 沟槽内再叠层型电容器构造

图 2　快闪存储器的单元阵列

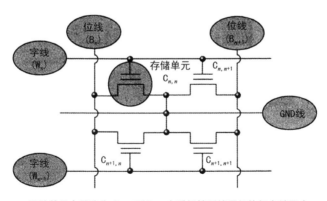

这种单元布置称为"NOR型"，在手机等所使用的快闪存储器中采用。此外。还有称为"NAND型"的，使"存储单元三极管"纵向堆积，布置成单元形式,这类快闪存储器一般在"文件块"等中采用。

4.1.3 DRAM中的三维结构存储单元

为增加电荷保持时间，增加积蓄电荷和减少泄漏电流是十分有效的。因此，为了增加积蓄电荷必须增加电容器的电容量，一条措施是增加电极的面积，另一条措施是减小电容膜的厚度。

但是，随着集成度的提高，为了制取大存储容量的DRAM，需要更小的存储单元。因此，增大电极面积的要求与此正好是背道而驰的。

为此，从1Mbit DRAM以后，一改传统的平面型电容器结构（见4.1.2节图1），而采用具有叠层型（b）、沟槽型（c）和沟槽内再叠层型（d）等立体电容结构的"三维单元"。

这好比在北上广深等地皮很贵的大城市盖房子，平房（planer，平面型）占地面积太大，为了确保足够大的居住面积，或增加地下室（trench，沟槽型，如图①所示），或改为二三层的楼房（stack，叠层型），如图②所示。

DRAM和NAND Flash是存储器的两大支柱产品，中国严重依赖进口。其中，NAND Flash产品几乎全部来自国外，主要用在手机、固态硬盘和服务器。NOR Flash主要用于物联网，技术门槛较低，中国企业基本已经掌握，但应用领域和市场规模不如DRAM和NAND Flash。目前，长江存储作为中国首个进入NAND存储芯片的企业，要在2018年才能实现小规模量产。到2019年其64层128Gbit 3D NAND存储芯片将进入规模研发阶段。

本节重点

(1) 为了增加电容器的电荷保持时间，需要采取哪些措施？
(2) 为了增加电容器的电容量，需要采取哪些措施？
(3) 介绍占面积小而电容量大的沟槽型和叠层型电容器结构。

DRAM 三维结构的存储单元

① 沟槽型存储单元

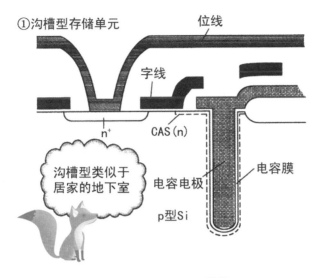

位线

字线

CAS (n)

n^+

电容电极

电容膜

p型Si

沟槽型类似于居家的地下室

② 叠层型存储单元

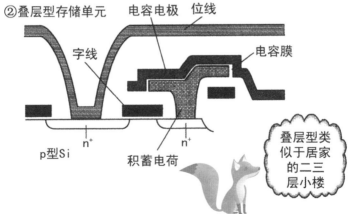

电容电极　位线

字线

电容膜

p型Si

n^+

n^+

积蓄电荷

叠层型类似于居家的二三层小楼

4.1.4 薄膜材料在集成电路中的应用

下图表示薄膜材料在半导体器件中的应用，图（a）对应布线工艺，图（b）对应基板工艺。由于布线工艺是由多层薄膜逐层堆积而形成的，薄膜与薄膜的层间要通过过孔连接而且要重复多次进行 CMP 平坦化。图中所示为 Al 布线的结构，现在采用 Cu 布线的越来越多，对此，所用薄膜的种类和层数要进一步增加。

在图（b）对应的基板工艺（MOS 三极管）中，也需要栅电极结构、平坦化绝缘膜结构等沉积而成的薄膜，还有图中未标出，用于形成硅局部氧化隔离（LOCOS）结构的选择氧化掩模用硅氮化膜，岛埋置用的氧化膜等。隔离子（spacer）采用的也是沉积而成的薄膜。

在图（b）结构上形成图（a）所示的结构，便可制成所需要的芯片乃至器件。

除此之外，DRAM 中的电容结构及 FRAM 中的电容结构也全部是由沉积膜及对其加工而制成的。

因此，无论是 MOS 三极管还是各类存储器，无论是基板工艺还是布线工艺，薄膜材料都是必不可少的。

本节重点
（1）Al 多层布线采用了哪些薄膜结构？
（2）MOS 器件中采用了哪些薄膜结构？
（3）DRAM 和 FRAM 中采用了哪些薄膜结构？

薄膜材料在半导体器件中的应用

〈 〉：热氧化膜的应用
(不考虑尺寸的比较)

(a) Al多层布线构造(BEOL)

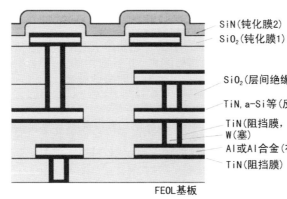

SiN(钝化膜2)
SiO₂(钝化膜1)

SiO₂(层间绝缘膜)

TiN, a-Si等(反射防止膜)

TiN(阻挡膜，密接膜)
W(塞)
Al或Al合金(布线)
TiN(阻挡膜)

FEOL基板

(b) MOS晶体管构造(FEOL)

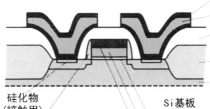

TiN, a-Si等(反射防止膜)
Al或Al合金(布线及电极)
BPSG(平坦化绝缘膜)
〈SiO₂(硅局部氧化隔离场),
LOCOS〉
Si外延层

硅化物
(接触用)

Si基板

SiO₂(隔离用)

〈SiO₂(栅氧化膜)〉

多晶硅(栅电极)

硅化物或高熔点金属W(栅电极)

4.2 IC 制作用的薄膜及薄膜沉积（1）
——PVD 法
4.2.1 VLSI 制作中应用不同种类的薄膜

下页图针对集成电路器件的应用，列出各种成膜方法的比较和采用的各种薄膜。为便于讨论，按材料种类将薄膜分为**绝缘膜**、**金属·导体膜**、**半导体膜**。

绝缘膜中以 SiO_2 为基础的膜层应用范围最广，加上掺杂 B_2O_3 及 P_2O_5 等的氧化膜，还有最近在 SiO_2 结构中含有 F 及 CH_3 等作为 low-k（低介电常数）膜等也得到应用。广泛应用的还有硅氮化膜。它是由 O 和 N 混合构成的 SiON（O 和 N 的比例可变）。此外，绝缘膜的新种类还包括各种低介电常数材料（low-k）膜（含聚合物等）和高介电常数材料（high-k）膜等。

在图示**金属、导体膜**归类中，包括了并非单质金属的氮化物（nitride）膜和硅化物（silicide）膜，它们具有所需要的导电性能，而且稳定性好，作为阻挡金属层和电极材料已被广泛使用。

半导体器件中最早开始应用的金属是 Al 及 Al—Cu、Al—Si—Cu 等合金。它们对于 p 型、n 型硅都具有良好的欧姆接触特性，与 SiO_2 的结合性等也极为优良。难熔金属 W、Mo、Ta、Ti 等也有广泛应用，它们的硅化物、氮化物近年来也受到瞩目。作为铜的扩散阻挡层的 TaN 的应用最近特别引起重视。作为电极布线材料，Cu 替代 Al 或与 Al 并用，已进入实用化。

作为**半导体膜**，一般采用单晶（外延硅）、多晶（硅）、非晶（硅）三种形态的膜层。对于半导体制程来说，多晶硅膜最为重要。由于多晶硅膜的加工性好，与 SiO_2 膜具有良好的相容性，例如在多晶硅栅等器件的心脏部位都采用了多晶硅膜。另外，多晶硅膜作为 DRAM 中三维电容器结构的构成要素及电极也不可或缺。

本节重点

（1）VLSI 中采用了哪些绝缘膜？这些膜层是如何形成的？
（2）VLSI 中采用了哪些金属和导体膜？这些膜层是如何形成的？
（3）VLSI 中采用了半导体膜，这些膜层是如何形成的？

VLSI 中应用薄膜的种类

```
                                         ┌─ 无掺杂氧化物(SiO₂-USG及NSG)
                             ┌─ Si氧化膜 ├─ 掺杂氧化物(PSG, BSG, BPSG)
                             │           └─ 掺氟氧化物(SiOF及FSG)
                             │
                             │           ┌─ Si₃N₄
                             ├─ Si氮化膜 ├─ SiNₓ(等离子体CVD沉积膜)
                             │           └─ SiON(氮氧化硅膜)
                   ┌─ 绝缘膜 ├─ 低介电常数膜 ─ 聚合物膜，含H的SiO₂,
                   │         │               多孔SiO₂,掺碳的SiO₂膜等
                   │         │           ┌─ Ta₂O₅
                   │         ├─ 高介电常数膜 ├─ BST(钛酸锶钡)
                   │         │           └─ STO(钛酸锶)等
                   │         └─ 铁电体膜 ─ PZT, PLZT等
                   │
                   │         ┌─ 铝及铝合金膜 (Al-Si, Al-Si-Cu, Al-Cu)
  薄膜的种类 ──────┤         │
                   │         ├─ 高熔点金属膜 (W, Mo, Ti, Co等)
                   ├─ 金属·  │  (难熔金属)
                   │  导体膜 ├─ 硅化物膜 (WSi₂, MoSi₂, TiSi₂, CoSi₂, TaSi₂等)
                   │         ├─ 导电性氮化膜 (TiN, TaN等)
                   │         ├─ Cu薄膜 (Cu)
                   │         └─ 其他 (FRAM用的新电极材料——Ir, Pt, Ru₂O等)
                   │
                   │         ┌─ 外延膜
                   └─ 半导体膜 ├─ 多晶Si膜 (掺杂膜以及无掺杂膜)
                             └─ 非晶态Si膜
```

4.2.2　多晶硅薄膜在集成电路中的应用

　　作为 VLSI 制作中薄膜材料的代表，图中汇总了多晶硅膜在半导体器件中的应用，包括自对准栅、布线、电阻、扩散源、阻挡层等。特别是作为 DRAM 的三维电容器蓄积电极（storage node），通过往返积层化而使用，是不可或缺的膜材料。

　　CMOS 器件，或所有 MOS 器件，其栅电极材料的主体是**多晶硅**（poly-silicon）。多晶硅膜一般由热壁 PECVD 法制作，其工艺再现性极好，同时，通过 B、P 等杂质的掺杂也可以控制其电阻值。称此为"**在线掺杂多晶硅**"。

　　栅电极，由其施加电压，通过使栅绝缘膜下方的硅界面形成沟道，实施对源与漏间电流的控制。栅极施加电压如同水库大坝闸门的作用。硅栅就是这种多晶硅的应用。

　　多晶硅膜的优点汇总如下：① 耐高温处理，与单晶硅同样，可以进行氧化、扩散等处理；② 与 SiO_2、单晶硅、Al 等的结合性、相容性极好；③ 通过掺杂可以方便地控制其电阻率；④ 与基板 Si 间的功函数差小，阈值电压可以做得很低；⑤ 自对准结构的形成；⑥ 利用 CVD 成膜容易，加工性也极好。

　　上述特性是采用铝栅所不能得到的，因此现在多晶硅栅普遍替代了 Al 栅。

本节重点
（1）列出多晶硅膜在 IC 芯片中的应用。
（2）什么是"在线掺杂多晶硅"？用于何处？有什么优点？
（3）多晶硅用于栅极比 Al 栅有哪些优点？

多晶硅膜在集成电路中的应用

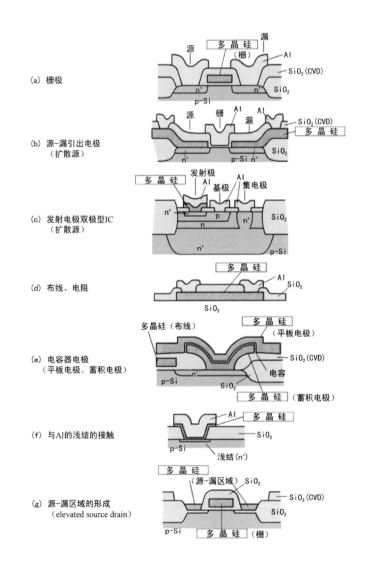

(a) 栅极

(b) 源-漏引出电极
　　（扩散源）

(c) 发射电极双极型IC
　　（扩散源）

(d) 布线、电阻

(e) 电容器电极
　　（平板电极、蓄积电极）

(f) 与Al的浅结的接触

(g) 源-漏区域的形成
　　（elevated source drain）

4.2.3 IC 制程中常用的金属

自 Si LSI 诞生以来，若说代表性的构成材料，非 Si 基板和 Al 布线莫属。在 LSI 诞生之初，作为金属布线材料，仅 Al 就足够了，但此后 30 年，随着 LSI 令人惊异地向微细化方向进展，Al 布线的可靠性问题日渐凸显，其间，Al 材料特性也得到种种改善。特别是近 20 年来，随着 LSI 的高速化进展，对降低布线电阻的要求越来越高；随着 LSI 的微细化进展，对提高布线耐电迁移的要求越来越高。实际上，当微细化程度达到 0.18μm 以后，器件中有一部分 Al 布线即被 Cu 布线所替代。在微细化程度进入几个纳米的今天，Cu 布线已普遍采用。

下表列出了与 IC 芯片制作相关的常用金属的物性。尽管表中列出的金属材料种类较多，但满足上述要求，用于 ULSI 布线的材料却极少。

Al 之所以从开始就作为 Si 器件的电极材料，是基于 Al 具有下述优点：

①电阻率低；②与绝缘膜的结合力强；③容易加工成布线形状；④利用工业上成熟的溅镀法易于成膜；⑤在 Si 芯片封装过程中，可以与 Au 丝稳定牢固地键合；⑥原料丰富，价格低廉。

若仅从电阻率看，Ag 是最低的，但除了它是贵金属，价格高以外，还有难以进行干法刻蚀，容易在 Si 基板中扩散等诸多问题，因此至今没有应用的报道。尽管 Cu 材料也存在干法刻蚀难，与 SiO_2 结合力弱等问题，但 Cu 可以水溶液电镀成膜，再加上大马士革平坦化工艺的采用，避免了上述问题的发生。

Al 电极的形成，现在以溅射镀膜法为主流。溅射采用高纯度 Al 靶或 Al-Si、Al-Si-Cu 等合金靶。

以前制作 Al 电极，多以真空蒸镀法成膜。Al 的熔点低，采用真空蒸镀法容易成膜。但是，在真空蒸镀过程中，由于加热器、坩埚以及含于其中的杂质（碱金属等）混入膜中，会造成 $Si-SiO_2$ 界面特性的不稳定。因此，溅射镀膜成为现在的主流成膜方法。

实际使用的是在 Al 中加入百分之几 Si、Cu、Ti、Ge 等的合金膜。添加 Si 是为了防止发生穿透 pn 结的 "Al 钉"；添加 Cu 及 Ti 对于防止电迁移十分有效，有时也采用 Al-Si-Cu 合金膜；添加 Ge 对防止回流焊时飞溅很有效。

本节重点

(1) Al 作为 Si 器件的电极材料是基于 Al 的哪些优点？
(2) 从性能和形成方法看，说明 Cu 布线替代 Al 布线的原因。
(3) Al 布线中一般添加哪些元素？分别说明添加这些元素的目的。

IC 芯片制作中常用金属的物性

金属	电 阻 率 ρ (300°K)		氧化物生成自由能 ΔF/kcal	最稳定的氧化物	熔点 T_m /°C	与SiO_2间的结合性①	借助光刻胶掩模的蚀刻加工性②	键合性(与Au丝间)③
	/μΩcm	相对于Al的比值						
Ag	1.6	1.0	-2.6	Ag_2O	961	1	2	3
Al	2.8	1.8	-376.7	Al_2O_3	660	4	3	3
Au	2.2	1.4	+39.0	Au_2O_3	1063	1	3	3
Cd	6.9	4.3	-53.8	CdO	321	1	3	2
Co	6.2	3.9	-51.0	CoO	1495	3	3	2
Cr	12.3	7.7	-250.0	Cr_2O_3	1890	4	2	1
Cu	1.7	1.1	-35.0	CuO	1083	2	2	2
Fe	8.4	5.3	-177.0	Fe_2O_3	1539	3	3	1
Mg	4.4	2.8	-136.1	MgO	650	3	3	2
Mo	5.5	3.4	-162.0	MoO_3	2625	3	3	1
Ni	6.8	4.3	-51.7	NiO	1455	3	3	1
Pb	15.3	9.6	-45.3	PbO	621	1	3	1
Pd	8.5	5.3	-52.2	PdO	1554	1	3	1
Pt	10.5	6.6	—	—	3224	1	2	1
Sn	11.3	7.1	-124.2	SnO	232	1	3	3
Ta	13.0	8.1	-471.0	Ta_2O_5.	2850	3	1	1
Ti	54.0	33.8	-204.0	TiO_2	1820	4	2	1
V	26.2	16.4	-271.0	V_2O_3	1860	3	3	1
W	5.2	3.3	-182.5	W_2O_3	3410	3	2	1
Zn	5.8	3.6	-76.0	ZnO	420	1	3	2
Zr	40.5	25.3	-244.0	ZrO_2	1750	3	1	1

①1—不良　②1—不可　③1—不良
2—困难　2—困难　2—可
3—良好　3—可　3—良
4—非常好

4.2.4 真空蒸镀

在真空环境中，将材料加热蒸发并使其沉积在基片上的薄膜形成方法称为真空蒸镀（下页图），或叫真空镀膜。简单地说，要实现真空蒸镀，必须有"热"的蒸发源、"冷"的基片、周围的"真空环境"，三者缺一不可。"热"的蒸发源是加热镀料，使其达到足够高的温度，一般是在熔融状态下保持一定的饱和蒸气压。"冷"的基片为蒸发镀料提供成膜场所，通过蒸发原子碰撞、扩散、冷却、凝聚、生长等过程形成薄膜。对"真空环境"的严格要求是因为：①防止在高温下因空气分子和蒸发源发生反应，生成化合物而使蒸发源劣化；②防止因蒸发原子与镀膜室内空气分子碰撞而阻碍蒸发分子直接到达基片表面，以及在途中生成化合物或由于蒸发原子间的相互碰撞而在到达基片之前就凝聚等；③在基片上形成薄膜的过程中，防止空气分子作为杂质混入膜内或者在薄膜中形成化合物。在对树脂基体实施蒸镀时，为了防止蒸发源烘烤及金属冷却时所散发出的热量使树脂变形，有必要对蒸发源-基体布置、蒸镀时间等进行调整。此外，熔点、沸点太高的金属或合金不适合蒸镀。

真空蒸镀的蒸发源种类很多，电阻加热式的有丝状、螺旋丝状、锥形篮状、箔状或板状，还有直接加热式块状与间接加热式。人们也利用电子束的热量对镀料进行加热使其熔化蒸发，特别适合高熔点金属的真空蒸镀。蒸镀通常可以在圆柱形涂镀室内分批进行。涂镀室直径可达几米，取决于涂镀零件的大小和数量。零件可以绕蒸气源做行星运动，以在零件各边均匀地涂镀金属层。如果需要的话，不需涂镀的区域可以用掩模遮挡，通常采用金属掩模版。

本节重点

（1）真空蒸镀需要哪三个条件？
（2）真空蒸镀为什么需要严格的真空条件？
（3）什么是PVD？PVD中主要包括哪几种方法？

真空蒸镀

各种形状的电阻蒸发源

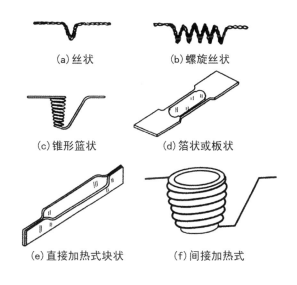

(a) 丝状　　　　　(b) 螺旋丝状

(c) 锥形篮状　　　　(d) 箔状或板状

(e) 直接加热式块状　　　(f) 间接加热式

电子束加热

离子镀

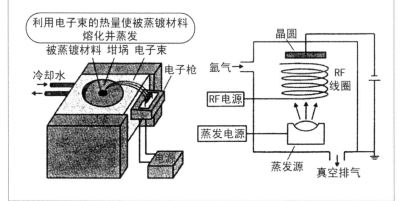

利用电子束的热量使被蒸镀材料
熔化并蒸发

被蒸镀材料　坩埚　电子束

冷却水

电子枪

电源

晶圆

氩气→

RF
线圈

RF电源

蒸发电源

蒸发源

真空排气

4.2.5 离子溅射和溅射镀膜

溅射镀膜中有直流二极溅射、射频二极溅射、磁控溅射等。在 IC 制造中用得最多的是"平面磁控溅射"（图1）。下面看看这些装置的工作原理（图2）。

直流二极溅射成膜的过程包括：①电场产生 Ar$^+$ 离子；②高能 Ar$^+$ 离子撞击金属靶；③将金属原子从靶中撞出；④金属原子向衬底迁移；⑤金属原子沉积在衬底上；⑥用真空将多余的物质从腔中抽走。非磁控的直流二极溅射沉积速度慢，靶和基板发热严重，靶上还需要加高压，实用价值不大。但射频二极溅射在制备绝缘膜方面还有一些用处。

平面磁控法则有效利用了 γ- 电子（二次电子），在阴极靶的背面附加磁铁，在靶的表面形成互相垂直的电磁场，γ- 电子在上述电磁场的作用下沿靶表面的"跑道"以圆滚线进行运动，增加了与原子碰撞并使后者电离的机会，使入射到靶的离子密度大大增加，从而可以实现高速、低温、低损伤、低电压与宽压力范围的镀膜。

溅射法制取膜层表面质量好，附着力比真空蒸镀强，膜厚可以精确控制。但是其台阶覆盖度不如 CVD，目前已有各种改变方法。

平面磁控溅射是在二极溅射中增加一个平行于靶表面的封闭磁场，借助于靶表面上形成的正交电磁场，把二次电子束缚在靶表面特定区域来增强电离效率，增加离子密度和能量，从而实现高速率溅射的过程。具体工作原理是：电子在电场 E 的作用下，在飞向基片过程中与氩原子发生碰撞，使其电离产生出 Ar$^+$ 正离子和新的电子；新电子飞向基片，Ar$^+$ 离子在电场作用下加速飞向阴极靶，并以高能量轰击靶表面，使靶材发生溅射。在溅射粒子中，中性的靶原子或分子沉积在基片上形成薄膜，而产生的二次电子会受到电场和磁场作用，产生 E（电场）$\times B$（磁场）所指的方向漂移，简称 $E \times B$ 漂移，其运动轨迹近似于一条摆线。若为环形磁场，则电子就以近似摆线形式在靶表面做圆周运动，它们的运动路径不仅很长，而且被束缚在靠近靶表面的等离子体区域内，并且在该区域中电离出大量的 Ar$^+$ 来轰击靶材，从而实现了高的沉积速率。

本节重点

(1) 说明直流二极溅射成膜的过程。
(2) 说明磁控溅射成膜的原理。
(3) 磁控溅射比直流二极溅射有哪些优点？

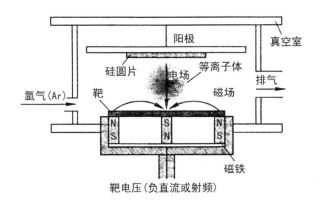

图 1　磁控溅射装置中电磁场布置

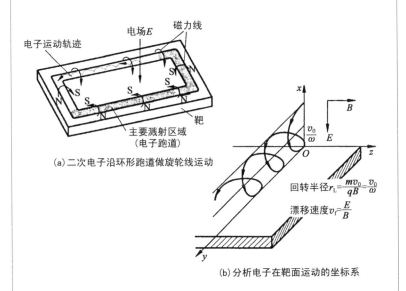

图 2　磁控溅射中二次电子运动的分析

$$回转半径\ r_{\rm L}=\frac{mv_0}{qB}=\frac{v_0}{\omega}$$

$$漂移速度\ v_{\rm f}=\frac{E}{B}$$

(a) 二次电子沿环形跑道做旋轮线运动

(b) 分析电子在靶面运动的坐标系

4.3 IC 制作用的薄膜及薄膜沉积（2）
——CVD 法
4.3.1 用于 VLSI 制作的 CVD 法分类

    CVD 法主要分为外延生长法、常压 CVD 法、减压 CVD 法、等离子体 CVD 法、高密度等离子体 CVD 法、光 CVD 法、激光 CVD 法（研究开发阶段）以及 RTPCVD 法（利用卤族灯的加热）。
    各种方法如图 1 所示，下面分别做简要介绍。
    (1) 外延生长法：仅用于外延膜的形成，外延生长即在单晶衬底(基片)上生长一层有一定要求的、与衬底晶向相同的单晶层，犹如原来的晶体向外延伸了一段，故称外延生长。外延生长的新单晶层可在导电类型、电阻率等方面与衬底不同，还可以生长不同厚度和不同要求的多层单晶，从而大大提高器件设计的灵活性和器件的性能。外延工艺还广泛用于集成电路中的 PN 结隔离技术（见隔离技术）和大规模集成电路中改善材料质量方面。
    (2) 常压 CVD 法（APCVD）：一般用开管气流法。开管气流法的特点是能连续地供气与排气，一般物料的输运是靠外加不参加反应的中性气体来实现的。大多利用 400℃ 左右的低温 CVD 形成 SiO_2 膜（SiH_4-O_2 系，$TEOS-O_3$ 膜）。
    (3) 减压 CVD 法（LPCVD）：包括冷壁 LPCVD 装置和热壁 LPCVD 装置，冷壁 LPCVD 主要用于金属膜、硅化物膜的 CVD（500～600℃），热壁 LPCVD 装置主要用于多晶硅、Si_3N_4、SiO_2 膜的 CVD（500～600℃）。
    (4) 等离子体 CVD 法（PECVD）：包括冷壁 PECVD 法和热壁 PECVD 法。
    (5) 高密度等离子体 CVD 法：ECR、ICP、螺旋波等各种方式。
    (6) 光 CVD 法：主要利用光激发的 CVD 膜形成，尚处于研究开发的阶段。
    (7) 激光 CVD 法：尚处于研究开发的阶段。
    (8) RTPCVD 装置：RTP = Rapid Thermal Processor，利用卤族灯的加热方法（通过快速的直接加热进行 CVD 反应）的装置。

本节重点
(1) 在 VLSI 制作中采用了哪些 CVD 法？
(2) CVD 需要什么反应条件？
(3) 试对 PVD 和 CVD 进行对比（图 2）。

图 1　用于 VLSI 制作的 CVD 分类

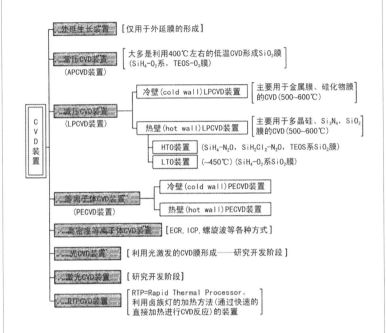

外延生长装置 ［仅用于外延膜的形成］

常压CVD装置 ［大多是利用400℃左右的低温CVD形成SiO_2膜 (SiH_4-O_2系，TEOS-O_3膜)］
（APCVD装置）

C
V
D
装
置

减压CVD装置
（LPCVD装置）

冷壁（cold wall）LPCVD装置 ［主要用于金属膜、硅化物膜 的CVD（500~600℃）］

热壁（hot wall）LPCVD装置 ［主要用于多晶硅、Si_3N_4、SiO_2 膜的CVD（500~600℃）］

HTO装置 (SiH_4-N_2O，SiH_2Cl_2-N_2O，TEOS系SiO_2膜)
LTO装置 (~450℃)(SiH_4-O_2系SiO_2膜)

等离子体CVD装置
（PECVD装置）

冷壁（cold wall）PECVD装置

热壁（hot wall）PECVD装置

高密度等离子体CVD装置 ［ECR，ICP，螺旋波等各种方式］

光CVD装置 ［利用光激发的CVD膜形成——研究开发阶段］

激光CVD装置 ［研究开发阶段］

RTPCVD装置 ［RTP=Rapid Thermal Processor。 利用卤族灯的加热方法（通过快速的 直接加热进行CVD反应）的装置］

图 2　CVD 法与 PVD 法的比较

PVD法	CVD法
·物理的方法（真空蒸镀、溅射）	·化学的方法（发生化学反应）
·基板通常为室温，加热亦可	·基板需要加热（热化学反应）
·主要适用于金属膜、半导体膜，膜材料的种类 受制约	·膜质受温度左右
·需要采用真空装置	·绝缘膜、金属膜、导体膜、半导体膜等全部 适用
·膜层堆积而成，与基板的附着性、膜层的致密 性均可	·等离子体CVD、减压CVD的情况需要采用真 空
·膜层致密，内应力大	·膜层既可由沉积又可由与表面反应获得
·可以获得接近于块体材料的膜质	·膜层附着性随工艺参数不同而变
·台阶覆盖性差	·膜层致密性随温度而异，对内应力有可能进 行控制
·成分控制一般比较困难	·台阶覆盖性优于PVD
	·组成控制可以由气体的控制来实现

4.3.2 CVD 中主要的反应装置

　　CVD 的主要反应装置包括多种方式：单片方式、多片（批量）方式、单片式与批量式相组合的方式以及连续型处理室方式。其中单片方式包括单片单处理室方式及单片多处理室方式，多片（批量）方式包括批量单处理方式和批量多处理室方式，连续型处理室方式包括直线型（连续成膜）和回转型（积层成膜）。

　　CVD 过程中传输、反应和成膜过程包括：①反应物的质量传输；②薄膜先驱物反应；③气体分子扩散；④先驱物的吸附；⑤先驱物扩散到衬底中；⑥表面反应；⑦副产物的解吸附作用；⑧副产物去除。

　　主要反应装置包括常压（AP）CVD 装置、减压（LP）CVD 装置、等离子体 CVD 装置、高密度等离子体 CVD 装置（下图）。

　　常压（AP）CVD 装置，反应气体硅圆片放在传送带上，反应气体自上而下经喷射器喷出，喷向硅圆片充分接触反应后，自两侧排气，硅圆片的传送和气体的喷射及排气过程连续进行，因而可实现连续的常压 CVD 反应。

　　减压（LP）CVD 装置，反应气体自下而上喷出，硅圆片多层堆叠，气体自下至上至达到顶部后，进入排气道，从底部排除。整个反应过程中有加热器对于装置加热。

　　等离子体 CVD 装置，反应气体进入后分流成为多个通道，自上而下喷向硅圆片，硅圆片下有加热器对其加热，反应后气体由两侧排气口排出。

　　高密度等离子体 CVD 装置，反应装置中有匹配箱和感应线圈，反应气体喷入后通过感应线圈的控制实现以电子回旋共振等离子体（ECR）、电路编程（ICP）、螺旋波的形式进行反应。

本节重点
（1）CVD 的主要反应装置包括哪几种类型？
（2）说明 CVD 成膜的反应过程。
（3）什么是等离子 CVD（PCVD）？与普通 CVD 相比有哪些优点？

CVD 中主要的反应装置

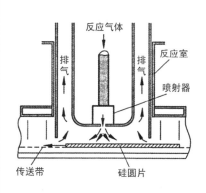

①常压 (AP) CVD装置

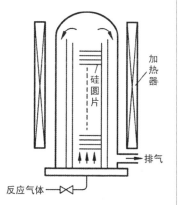

②减压 (LP) CVD装置

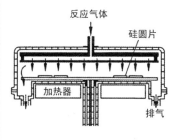

③等离子体CVD装置

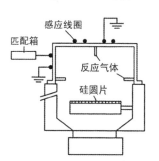

④高密度等离子体CVD装置

　　等离子体增强化学气相沉积（PECVD）由于等离子的激活作用，在提高反应性的同时，可有效降低反应温度。除广泛应用于 VLSI 制作之外，在液晶显示器、薄膜太阳电池制作等方面应用越来越多。

4.3.3 等离子体 CVD（PCVD）过程中传输、反应和成膜的过程

    CVD 过程中传输、反应和成膜的过程在 CVD 反应室中进行，反应的步骤包括（图1）：①反应物的质量传输，主要是气体传输的过程；②薄膜先驱物反应，反应的过程中副产物进入步骤⑦的过程；③气体分子扩散；④先驱物的吸附：先驱物吸附到衬底之上，与衬底紧密接触；⑤先驱物扩散到衬底中；⑥表面反应，表面反应的结果得到了连续的膜；⑦副产物的解吸附作用，主要是排气的过程；⑧副产物去除。

    等离子体 CVD（PCVD）过程中传输、反应和成膜的过程在 PECVD 反应室中进行，反应室有 RF 发生器装置，整个装置的两端设立了两个电极，反应的步骤包括（图2）：①反应物进入反应室，主要是气体传送的过程；②电场使反应物分解，反应的过程中副产物进入步骤⑦的过程；③薄膜初始物形成；④初始物吸附，初始物先吸附到衬底之上，与衬底紧密接触；⑤先驱物扩散到衬底中；⑥表面反应，表面反应的结果得到了连续的膜；⑦副产物的解吸附作用，主要是排气的过程；⑧副产物去除。

（1）说明 CVD 过程中传输、反应和成膜过程。
（2）说明 PCVD 过程中传输、反应和成膜过程。
（3）PCVD 比 CVD 有哪些优点？

图1   CVD 过程中传输、反应和成膜的过程

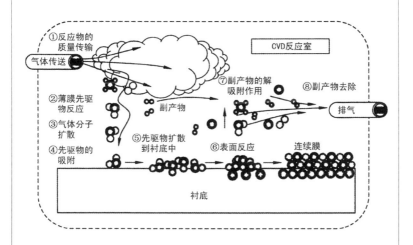

图2   等离子体 CVD(PCVD) 过程中传输、反应和成膜的过程

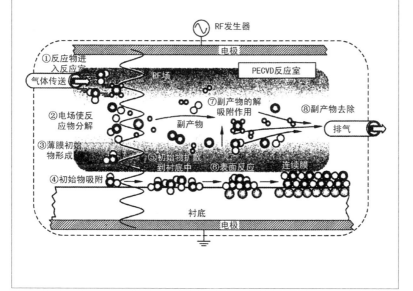

4.3.4 晶圆流程中的各种处理室方式

　　CVD 处理室方式有很多种（下图）。其中，单片方式分为单片单处理与单片多处理；多片（批量）方式分为批量单处理室方式和批量多处理室方式；另外，也有单片式与批量式相组合的方式（群集式）；最后是连续型处理室方式，分为直线式（连续成膜）与回转式（积层成膜）。

　　直线连续型处理室方式是在基片托架上装载多块硅圆片，依次成膜，进行连续式在线处理。特别是在制作过程中，以每种薄膜为一单元，通过截止阀，仅对所需要数量的基板进行连续性生产。

　　但是，除基板上沉积的膜层之外，沉积在其他部位的膜层必须及时去除并清洁化，为此需要定期停机、降温，进行清洁化处理。因此，会造成生产效率降低；而且，基板与托架间的摩擦会产生颗粒，每次加热都要对热容量很大的基板托架升温，造成功耗增加等。

　　回转连续型处理室方式不采用基板传送托架，而是通过机械手将基板直接传送到 PCVD 室进行薄膜沉积或表面处理。这种方法具有诸多优点，近年来获得广泛应用。

本节重点
（1）晶圆流程中有哪些处理室方式？
（2）直线连续型处理室方式有哪些优缺点？
（3）回转连续型处理室方式有哪些优缺点？

CVD 装置中各种处理室方式

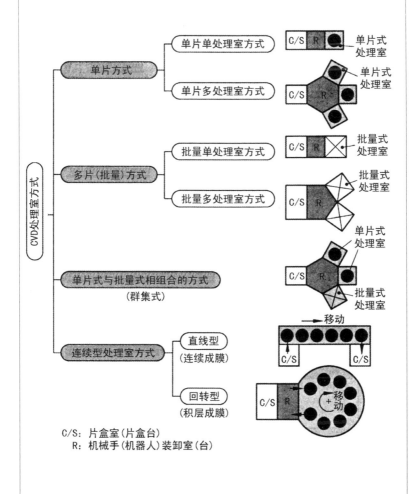

C/S：片盒室(片盒台)
　R：机械手(机器人)装卸室(台)

4.4 IC 制作用的薄膜及薄膜沉积（3）
——各种方法的比较
4.4.1 各种成膜方法的比较

薄膜形成方法如表所示，可分为 **CVD**（Chemical Vapor Deposition）法、**PVD**（Physical Vapor Deposition）、**涂布及包覆法**、**电镀法**四大类。其中 CVD 法和 PVD 法早已广泛实用化，另外两种薄膜形成方法用于半导体制程应该算是新的。

首先，涂布及包覆法从其实际的方法看，也称作 **SOG**（Spin-On Glass）法、**溶胶－凝胶**（sol-gel）法等，最近已用于 low-k 膜的形成。涂布形成的膜也有有机聚合物的情况，由于不好称其为玻璃膜，故统称其为 **SOD**（Spin-On Dielectrics）。而且该方法对于 PZT 等铁电体薄膜的形成也是有效的，正成为半导体制程中急速扩展的技术。

相比之下，电镀法主要用于 Cu 膜的形成，它作为半导体制程中的一种新技术而受到瞩目。近年来，这种**电镀法**也用来形成从晶圆（芯片）到封装用的凸点（bump）。这种方法一般简称为 **ECD**（Electrochemical Deposition，电化学沉积）或 **ECP**（Electrochemical Plating，电（化学）镀）。

下表表示上述四种方法的比较。包括每种方法的基本原理、可形成的膜层、半导体器件中应用的膜层，还包括处于开发阶段的薄膜等。

采用 CVD 法，除去两三个例外，几乎所有种类的膜层均可形成，实用化的例子很多。PVD 法同样也可以形成几乎所有种类的膜层，但实际上主要用于 Al、Al 合金及导电性膜。涂布法以旋转涂布（spin-coat）为首，包括浸涂（dip）及喷涂（spray）等，用于 low-k 膜、聚合物膜、铁电体膜等，作为面向实用化的新技术，正在工艺和装置方面积极开发。

本节重点
(1) IC 芯片制造中哪些属于干式、哪些属于湿式成膜方式？
(2) 请对干式成膜和湿式成膜方式进行对比。
(3) 请对涂布法和电镀法成膜方式进行对比。

各种成膜方法的比较和可以形成的薄膜（针对集成电路器件应用）

成膜方法		CVD法	PVD法	涂布及包覆法 (SOG/SOD)	电镀法 (ECD)
基本的方法		化学气相反应的应用（激活方法···热，等离子体，光等）	物理现象的应用（蒸镀，溅镀，离子镀等）	液体的涂布和固化（旋涂，浸涂，喷涂等）	电化学反应的应用（电气分解——在阴极上使金属离子还原）
可形成的薄膜种类	绝缘膜	SiO_2, doped oxide Si_3N_4, Ta_2O_5, Al_2O_3, 铁电体膜, low-k膜, 其他	SiO_2, Al_2O_3, SiN, 铁电体膜等（通过靶材的选择，利用溅镀或反应溅镀制作）	SiO_2, doped oxide 铁电体膜, low-k膜, 聚合物膜等 (Sol-Gel法)	—
	金属·导体膜	高熔点金属(Mo, W) Al, Cu 硅化物(WSi_2等) 氮化物(TiN等) 其他	Al, Al合金 高熔点金属 硅化物($TiSi_2$等) 氮化物(TaN等) 其他几乎所有的金属膜	Cu（使微粒子在溶剂中分散，进行旋涂成膜）	Cu、Au及其他，在封装工程中多为采用(Pb-Sn焊料, Sn-Ag-Cu焊料, Ni, Cr等)
	半导体膜	硅(外延层) 多晶硅 非晶硅(a-Si)	—	—	—
说　明		·作为原料，只要蒸气压达到一定程度，任何种类的膜层均可形成（对于热反应困难的情况，通过引入等离子体激发，可使活化能降低）	·通过靶的选择或组合，几乎所有的金属膜、绝缘膜都可形成（利用溅镀或反应溅镀）	·含有去除涂层、去除溶剂、退火等工艺。包括使涂料在溶剂中分散或溶解这两种手段	·化学镀也可以使用 ·Cu电镀工艺在元器件安装、印制电路板中也大量应用 ·Al, W等难以用电化学方法电镀成膜

（处于开发阶段的膜也含其中）

4.4.2 热氧化膜的形成方法

所谓**热氧化法**，是使硅（Si）和氧（O_2）或水蒸气（H_2O）在高温下发生反应，在原来的硅表面生长出二氧化硅（SiO_2）膜：

将硅圆片置于石英制的炉芯管中，利用氧化炉的加热器对炉芯管加热，通入氧气和水蒸气，由此在高温条件下发生热氧化反应。

按照反应气体供应方式的不同，热氧化法主要有图1所示的几种类型：①以氮（N_2）为载带气体，氧气流动的"干 O_2 氧化法"；②氧气先通过加热的水再供应的"湿 O_2 氧化法"；③全部利用水蒸气的"水蒸气（100％）氧化法"；④水蒸气与氮气一起流动的"部分水蒸气氧化法"；⑤使氢气与氧气先在外部燃烧，变为水蒸气再供应的"火成（pyrogenic）氧化法"；⑥使氧气通过液态氧，并以氮气为载带气体而流动的"O_2 分压氧化法"；⑦在氮气与氧气中一起添加HCl气体的"盐酸气氧化法"等。

现在，热氧化膜的形成一般采用干燥氧或由 H_2–O_2 燃烧生成 H_2O 的方法进行。特别是 H_2–O_2 燃烧法，由于能生成高纯度的火焰，其浓度也比较容易控制，实际工艺中包括栅氧化膜形成在内，多有采用（图2）。栅氧化膜极薄，只有 5～10nm，其厚度的控制靠氧化剂供给量的调整来进行。

氧化反应形成的膜层的厚度，由氧化时间、温度、氧气及水蒸气的流量决定。

利用热氧化法，可以获得极为优良的二氧化硅绝缘膜，这是硅作为半导体材料得天独厚的优越之处。因此，在对特性要求相当严格，与IC微细化相伴随的，越来越薄膜化的MOS三极管的栅极绝缘膜中，都是采用热氧化法制取的二氧化硅膜。

对栅极二氧化硅膜所要求的特性主要包括：无针孔等缺陷，作为绝缘膜的完整性好；绝缘耐压高；与硅界面的电气特性优良（固定电荷及陷阱少）；在二氧化硅膜中持续流动一定的电流时，达到绝缘破坏所积蓄的电荷量多等。

本节重点

(1) 什么是IC芯片制造中的热氧化法？
(2) 硅圆片热氧化法包括哪些类型？
(3) 对栅极热氧化膜的性能要求有哪些？如何实现？

图 1　各种类型的硅圆片热氧化法及装置

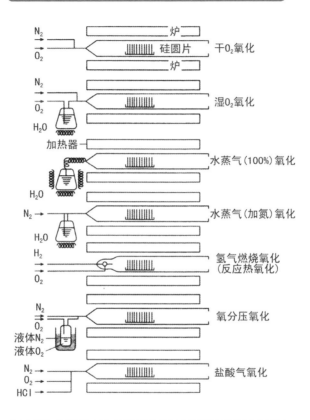

图 2　栅氧化膜的形成

- 干O₂氧化
- 湿O₂氧化(H₂-O₂燃烧法)
- 含有HCl或TCE的氧化(TCE：三氯乙烯)
- 利用干O₂+NH₃的氧化 ┐
- NO氧化 ├ 氮氧化膜的形成
- N₂O氧化 ┘
- 干O₂氧化+NH₃处理

4.4.3 热氧化膜的形成过程

将硅置于高温氧化气氛中，就会在表面形成硅自身的氧化膜 SiO_2。该膜非常稳定，可用于向衬底硅中选择性杂质导入工艺等，由此便可以制作平面工艺的双极型三极管。而且，SiO_2 氧化膜作为 MOS（Metal-Oxide-Semiconductor）型器件的组成部分，更是不可或缺，从起始一直使用至今。

热氧化膜的形成技术与表面的稳定化、洁净化技术紧密相关。在初期的 MOS 型器件中，由于形成的 SiO_2 膜中受到污染，特别是易迁移金属离子 Na^+ 等的存在，致使 SiO_2-Si 界面特性不稳定。经过许多研究者、技术专家的努力，发现 Na^+ 是造成不稳定性的原因，在将其彻底去除之后，得以制作出稳定的 MOS 型器件制品。随着洁净化技术（清洗，工艺材料的高纯度化等）的进展，原来存在的问题已彻底解决。

硅的热氧化在**氧化气氛**(氧气或水蒸气)中进行（图1～图3）。该现象的进行由温度、时间、氧化剂的种类、氧化剂原子在 SiO_2 中的扩散系数等因素共同决定，在大多数教科书中都以"Deal-Grove 公式"的形式表述。由该公式求出的 Si 表面 SiO_2 的形成速度，与实验数据具有良好的一致性。SiO_2 膜的形成速度由氧化剂原子（例如活性化的氧）在 SiO_2 膜中的扩散过程所支配，并服从 B.Deal 和 A.Grove 导出的下述关系式：

$$X_0^2+AX_0=B(t+\tau) \tag{4-1}$$

式中：X_0 为氧化膜厚度；t 为氧化时间；A、B 是由氧化剂的种类、氧化条件、氧化膜中氧化剂原子的扩散系数等决定的常数。若初始氧化膜厚度为 X_i，则 τ 为由下式表示的时间：

$$\tau=(X_i^2+AX_i)/B \tag{4-2}$$

若 X_i 接近 0，t 十分短时，氧化膜厚度可由下式近似：

$$X_0=(B/A)\cdot t \tag{4-3}$$

而 t 十分长时，氧化膜厚度可由下式近似：

$$X_0^2=Bt \tag{4-4}$$

由式（4-1）、式（4-2）可以看出，在氧化的初期，膜厚相对于时间成线性关系，氧化受反应速率支配；随着时间延长，膜厚与时间的 1/2 次方成正比，膜厚生长速率受 SiO_2 膜中氧化剂原子扩散速率所支配。这种倾向与各机构得出的实验数据具有相当好的一致性。

本节重点

(1) 硅热氧化膜是如何形成的？
(2) 说出硅热氧化膜在半导体器件中的应用。
(3) 用公式表述硅热氧化膜的生长规律，并加以解释。

图1　硅氧化膜（上）与硅衬底（下）的界面照片

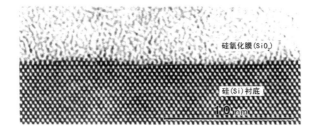

硅氧化膜(SiO_2)

硅(Si)衬底

10 nm

图2　穿过氧化层的氧扩散

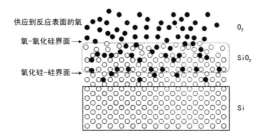

供应到反应表面的氧

O_2

氧–氧化硅界面→

SiO_2

氧化硅–硅界面→

Si

图3　在1100℃干氧氧化生长的线性和抛物线阶段

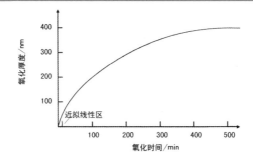

氧化厚度/nm

400

300

200

100

近似线性区

100　200　300　400　500

氧化时间/min

4.4.4　用于 VLSI 的薄膜种类和制作方法

在 LSI 的各部分中广泛采用各式各样的薄膜。下图表示用于 VLSI 的薄膜制作方法，可分为下述三大类。

(1) 热氧化法。这种方法是将硅置于高温状态下的氧与水蒸气的混合气氛中，使 Si 与 O_2 发生反应形成二氧化硅 (SiO_2) 膜层。

(2) CVD 法。CVD 法是根据制作薄膜的种类，通入相应的气态 (gas) 原料，利用触媒反应，沉积固相薄膜。为引起触媒反应需要能量，根据提供能量种类不同，CVD 有不同的类型。例如，利用热能的称为"热 CVD"，利用等离子体的称为"等离子体 CVD"，利用光能的称为"光 CVD"等。

在热 CVD 中，根据沉积时压力的不同还分为不同的方式。若沉积压力低于一个大气压，即在减压状态下进行薄膜生长，则称为"减压 CVD(LP-CVD)"；若在大气压状态下进行薄膜生长，则称为"常压 CVD(AP-CVD)"等。

在实际的 CVD 中，不同结构及不同工艺参数的组合就可以构成新的 CVD 类型，因此 CVD 的种类很多。如在减压 CVD 中，若实际发生气相沉积反应的容器 (chamber) 的管壁处于高温，则称为热壁 (hot-wall) 法，而若保持为室温则称为冷壁 (cold-wall) 法。

(3) 溅射沉积法。与基本上利用气相化学反应的 CVD 法相对，溅射沉积法属于利用物理反应沉积薄膜的 PVD (Physical Vapor Deposition：物理气相沉积) 法。在 PVD 法中，也有几种原理和结构各不相同的方法，如真空蒸镀、离子镀、溅射沉积等。目前在 LSI 生产中广泛采用的为"溅射沉积法"。该方法是利用荷能粒子（一般为氩离子）轰击置于真空中的靶 (target)，该靶针对所要求沉积的薄膜，由相应的金属或硅化物制成，使靶表面的原子被"溅射"出，沉积在基极表面形成薄膜。

本节重点
(1) 硅栅膜由什么原料、采用何种方法制造？
(2) 电容介电膜由什么原料、采用何种方法制造？
(3) 钝化膜由什么原料、采用何种方法制造？

用于 VLSI 的薄膜种类和制作方法

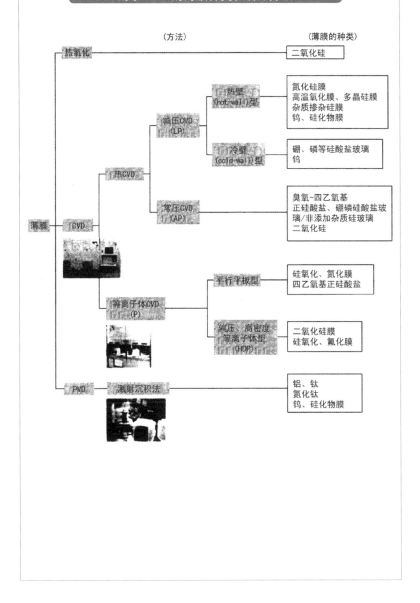

(方法)   (薄膜的种类)

热氧化 ──────────────────── 二氧化硅

热壁 (hot-wall) 型
氮化硅膜
高温氧化膜、多晶硅膜
杂质掺杂硅膜
钨、硅化物膜

减压CVD (LP)

冷壁 (cold-wall) 型
硼、磷等硅酸盐玻璃
钨

热CVD

常压CVD (AP)
臭氧-四乙氧基
正硅酸盐、硼磷硅酸盐玻璃/非添加杂质硅玻璃
二氧化硅

薄膜 ── CVD

平行平板型
硅氧化、氮化膜
四乙氧基正硅酸盐

等离子体CVD (P)

偏压、高密度等离子体型 (HDP)
二氧化硅膜
硅氧化、氟化膜

PVD ── 溅射沉积法
铝、钛
氮化钛
钨、硅化物膜

-153-

4.4.5　用于 VLSI 制作的 CVD 法

　　用于 VLSI 制作的 CVD 装置 (图 1) 有: 常压 CVD 装置 (APCVD)、减压 CVD 装置 (LPCVD)、等离子体 CVD 装置 (PECVD)、高密度等离子体 CVD 装置、光 CVD 装置、激光 CVD 装置、RTPCVD 装置、MOCVD、外延生长装置等。

　　CVD 是指反应原料为气态, 生产物中至少有一种为固态, 利用基体膜表面的化学触媒反应而沉积薄膜的方法。CVD 法一般需要加热等外部能量的激活。

　　导入反应容器的原料气体, 利用热及等离子激活, 发生解离、化合等反应, 形成游离原子团。游离原子团在基板膜层表面反复发生吸附－解吸过程, 其中一部分被吸附, 在表面发生扩散、迁移、合并的同时, 沉积成薄膜。其中反应的副产品多为气体, 经扩散解吸脱离表面被排出反应容器外。

　　图 2 表示主要 CVD 的用途、薄膜种类、反应中使用的气体。从薄膜用途讲, 有栅电极、电容电极、金属布线、电容绝缘膜、层间绝缘膜、钝化膜等; 从膜层种类讲, 有多晶硅膜、氧化硅膜、氮化硅膜、硅化物膜、金属膜及玻璃膜等; 采用的装置和反应气体更是各种各样。

　　由此看来, 尽管 LSI 中所使用的薄膜各式各样, 但可以根据其材料的性质, 薄膜的厚度及类型, 同时针对各种制作方法的特征 (性能、生产能力、价格等), 合理选择、灵活运用, 总能满足要求。在 VLSI 中采用了一些新的方法, 如 low-k 膜、high-k 铁电薄膜、电镀 Cu 膜等是应高频、高集成度、高可靠性的要求而开发的。

本节重点

　　(1) 在 IC 芯片制作中何处用到多晶硅膜? 为何采用它?

　　(2) 在 IC 芯片制作中何处用到 W 和 WSix? 为何采用这些膜层?

　　(3) 在 IC 芯片制作中何处用到 Si_3N_4? 为何采用它?

图 1　VLSI 中所用薄膜的形成方法

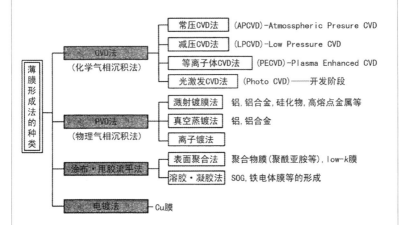

薄膜形成法的种类

CVD法（化学气相沉积法）
- 常压CVD法　（APCVD）-Atmosspheric Presure CVD
- 减压CVD法　（LPCVD）-Low Pressure CVD
- 等离子体CVD法　（PECVD）-Plasma Enhanced CVD
- 光激发CVD法　（Photo CVD）——开发阶段

PVD法（物理气相沉积法）
- 溅射镀膜法　铝,铝合金,硅化物,高熔点金属等
- 真空蒸镀法　铝,铝合金
- 离子镀法

涂布·甩胶流平法
- 表面聚合法　聚合物膜(聚酰亚胺等),low-k膜
- 溶胶·凝胶法　SOG,铁电体膜等的形成

电镀法　——Cu膜

图 2　主要 CVD 的用途、薄膜的种类、反应中使用的气体

用　途	膜种类	装　置	反　应　气　体
栅电极	poly-Si WSi$_x$	LP LP	SiH$_4$ SiH$_4$+WF$_6$, SiH$_2$Cl$_2$+WF$_6$
电容电极	poly-Si	LP	SiH$_4$
金属布线	W	LP	WF$_6$+SiH$_4$或WF$_6$+H$_2$
电容绝缘膜	Si$_3$N$_4$	LP	SiH$_2$Cl$_2$+NH$_3$
层间绝缘膜	SiO$_2$	AP	SiH$_4$+O$_2$, TEOS+O$_3$
	BPSG	LP 等离子体装置 LP AP	SiH$_4$+N$_2$O, TEOS+O$_2$ SiH$_4$+N$_2$O, TEOS+O$_2$ TEOS+PH$_3$+TMB+O$_2$ SiH$_4$+PH$_3$+B$_2$H$_6$+O$_2$ TEOS+TMP+TEB+O$_3$
钝化膜	SiN, SiON	等离子体	SiH$_4$NH$_3$+N$_2$O

4.5 布线缺陷的改进和消除
——Cu 布线代替 Al 布线
4.5.1 影响电子元器件寿命的大敌——电迁移

　　早在 20 世纪 60 年代，国外的研究机构就开始了对电迁移的研究，时至今日对电迁移效应的研究也越来越受到重视。在较高的电流密度下，电子往阳极流动，在流动的过程中与金属内的原子发生碰撞，将动量转移给原子，使原子往阳极移动，并堆积形成突起物，而在阴极则留下空位，最后形成空洞进而造成断路。

　　电迁移通常是指在电场的作用下导电离子运动造成元件或电路失效的现象。它是发生在相邻导体表面的，当电流流经焊点时，金属原子发生迁移的一种物理现象。金属原子的不断迁移会引发焊点的一些缺陷，如原子的堆积、裂纹和气孔的形成，而且能促进晶须的生长，这些缺陷的存在会增加电路短路和断路的隐患，使得焊点的可靠性急剧降低。电迁移常常引起铝线的断线及晶须的产生，导致电路出现故障（下图）。

　　随着微电子技术的不断发展，电子产品逐渐向轻、薄、短、小的方向发展，微型化和智能化是未来电子产品发展的必然趋势，电子封装中的焊点也变得越来越小，焊点可靠性问题正在被越来越多的企业和科研工作者付诸实践和钻研。通过焊点的电流密度逐步增大，当焊点的电流密度超过 $10^4 A／cm^2$ 时电迁移现象就会出现，但也有学者认为电流密度的临界值为 $10^3 A／cm^2$，电迁移已成为影响焊点可靠性的重要因素。

（1）什么是电迁移？造成电迁移的原因是什么？
（2）在克服电迁移的道路上曾经采取过哪些措施？
（3）目前看来克服电迁移的最有效方法有哪些？

由电迁移引起的铝断线及晶须（whisker）

铝布线

晶须

这便是铝布线断线的原因。断了线当然难以通过电流，进而造成整个芯片报废。

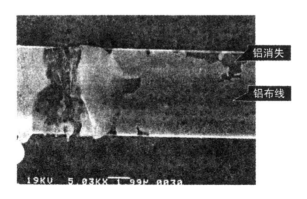

铝消失

铝布线

4.5.2 断线和电路缺陷的形成原因以及预防、修补措施

针孔的形成，主要是由于大气中的灰尘及尘埃粒子落在基板上，当基板上布线在尘埃粒子上时，则极易剥落，形成针孔，引起断线，造成了电路的故障（图1）。因而如何能够保证在布线环境中的尘埃是减少针孔数量的关键。空气中的尘埃粒子有多种多样的种类，从可见度分为电子显微镜可见范围、可见范围和肉眼可见范围三大类，对于粒子直径与X射线波长近似相等的尘埃粒子大小范围，完善的过滤器有近乎99.97%的效率，而该范围的灰尘颗粒对于布线的影响是最严重的，因而可以通过完善的过滤器很大程度上减少灰尘颗粒带来的针孔数量（图2）。

电路中存在的故障主要包括断线和短路，断线的修复需要将断开的电路接通，而短路的修复需要将短路的电路断开，可用专门的针来修理，修理用的针尖半径约数纳米（图3、图4）。

伴随着微细化、高集成化、布线变窄变细，从而布线电流密度迅速增加。4.5.5节表1列出铝用于半导体器件的优点和缺点，表2给出Al电极容易发生的可靠性问题。电迁移现象往往成为断线及短路等故障的原因。

铝布线在一般情况下为多晶材料，因而沿晶界（晶粒边界）往往更容易发生电迁移。并且，故障时间随布线的不同而变化，说明晶界对于电迁移存在一定的影响。

为了提高耐电迁移性，一般是在铝中添加微量的原子序数比铝大的铜。添加的铜会在晶界析出，起到强化晶界的作用，从而在一定程度上改善铝布线的耐电迁移性（4.5.3节图3）。

本节重点

（1）IC芯片制程为什么要在超净工作间中进行？
（2）超净工作间的洁净度是如何定义的？
（3）布线中的针孔是如何形成的？它有何危害、如何克服？

图 1　针孔就是这样形成的

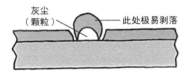

灰尘（颗粒）　此处极易剥落　针孔

图 2　大气中的尘埃粒子及其大小范围

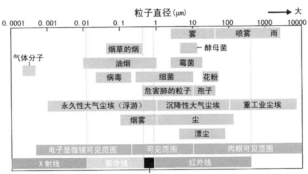

在此范围内完善的过滤器能有近乎 99.97% 的效率

图 3　断线和短路

A 处为断线，B 处为短路。这些缺陷要按图中虚线所示进行修理

图 4　修理用的针尖

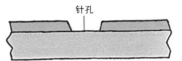

半径　数纳米

4.5.3 Cu 布线代替 Al 布线的理由

随着微处理器的时钟频率超过 1GHz，近年来 LSI 的高速化进展明显加速。由于电气信号的延迟（时间常数）同布线电阻和布线电容之积成正比，因此，电阻率比 Al 更低的 Cu 布线开始导入（图 1～图 3）。

作为布线材料，Cu 与 Al 相比有下述优点：① 电阻率低（相对于 Al 合金膜的电阻率为 $3.5 \sim 4.0 \mu \Omega \cdot cm$，Cu 膜仅为 $2.0 \mu \Omega \cdot cm$）；② Cu 的熔点高、原子质量大，耐热迁移和电迁移的特性好（布线寿命可提高 10 倍以上）。

Cu 布线之所以迟到近几年才成功导入，主要是存在下列问题：① 难以利用干法刻蚀进行微细加工；② Cu 向层间绝缘膜（SiO_2）及 Si 基板的扩散较快，因此容易造成对器件特性的不良影响；③ 与层间绝缘膜间的附着性较弱。

为了解决这些问题，人们成功开发出称作大马士革法的新布线方法，配以铜的水溶液电镀法，使铜布线在 IC 芯片制作中的应用得以推广。

"水溶液电镀铜膜用于 IC 芯片制造"，这在 20 世纪 90 年代后半期以前是不可想象的。勇于探索者不受传统的束缚，就是采用这种更接地气的工艺，避开 Cu 布线的上述三个问题，与大马士革布线工艺相配合，成功实现了密度更高、可靠性更好、工艺更简单、价格更低的多层布线方法。水溶液电镀铜膜在 IC 芯片制造中的成功应用，也对超薄铜膜的开发，以及铜膜在电子封装、二次电池中的应用起到巨大推动作用。

本节重点

（1）Al 作为布线材料有什么优缺点？
（2）说明 Cu 布线替代 Al 布线的理由。
（3）采用 Cu 布线必须解决哪些问题？

图 1　AI 布线因电迁移造成断线的实例

(a)

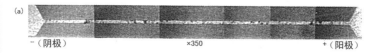

－（阴极）　　　　　　　　×350　　　　　　　　＋（阳极）

(b)

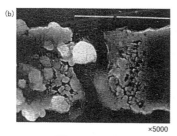

×5000

(c)

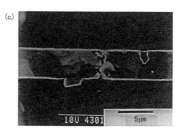

10U 4301　　5μm

(a) 1μm（厚）×10μm（宽）×1mm（长）的布线（Al-Si）的断线
(b) 断线部位的放大照片
(c) 在其他的实例中，断线部位产生移动，长出"胡须"

图 2　由于 EM 造成的布线累积故障率与试验时间的关系

试验温度：200℃
电流密度：2×10⁶A/cm²

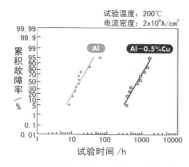

对于 Al-0.5%Cu 布线，在温度 200℃、电流密度 2×10⁶A/cm² 下试验，经 1000h，有 70% 的布线发生断线，而 Al 布线的情况，发生断线所用的时间更短

图 3　由于 EM 造成的布线累积故障率对比

试验温度：200℃
电流密度：2×10⁶A/cm²

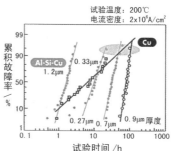

Al-Si-Cu 膜与 Cu 膜在不同布线密度情况下的对比。电流密度是图 2 所示情况的 4 倍，布线寿命加速度小。布线都用 TiN 作为夹层

4.5.4　用电镀法即可制作 Cu 布线

　　电镀的种类包括防蚀电镀、装饰电镀、精密电镀（功能电镀）。其中防蚀电镀镀层金属主要为锌（Zn）、锡（Sn）、镍（Ni）、铬（Cr）等，而装饰电镀的镀层金属主要为金（Au）、银（Ag），而精密电镀（功能电镀）主要是各种金属合金（多晶－非晶态）等，以获得机械的、电子及电气的、磁的、光学的、化学的等各种高功能和性能（图1）。

　　铜的电镀方式如图2所示，即利用电镀槽，将待镀的器件放在电镀液中，接上电源，阳极接铜棒，阴极接待镀的金属，则接电后阴极部分的器件便可得到一层铜的镀膜。所使用的电源可使用直流、脉冲或者非对称交流，电镀液中主要有 $CuSO_4 \cdot 5H_2O$、H_2SO_4、添加剂（平滑剂，如 Cl^-、骨胶等），阳极接 Cu 棒，则在阳极铜被氧化成为铜离子进入溶液，而在阴极，铜离子被还原成为铜元素，沉积在阴极所接的金属上，成为铜镀膜。与此同时，溶液中的氢氧根离子在阳极被氧化成为氧气，氢离子在阴极被还原成为氢气，从溶液中放出。

　　阴极反应：$Cu^{2+} + 2e \longrightarrow Cu$　　　　　　　　　　　　　（4—5）

　　阳极反应：$Cu \longrightarrow Cu^{2+} + 2e$　　　　　　　　　　　　　（4—6）

　　在电镀膜析出的过程中，阴极附近有 Helmholty 二重层，达到了原子尺寸的厚度，其间形成 10^9V/m 程度的电场，二重层之外有扩散层。在 Helmholty 二重层电场的作用下，扩散层水化的金属离子被吸引，在该电场的作用下，水化的金属离子被吸引，至 Helmholty 二重层中水化金属离子的水分子偏向扩散层一侧，金属离子靠近阴极，最终进入阴极（图3）。

　（1）水溶液电镀铜采用何种阴极、阳极和电解液？
　（2）写出水溶液电镀铜时发生在阴极和阳极的反应。
　（3）什么是 Helmholty 二重层？它在电镀铜时起什么作用？

图 1　电镀的种类

电镀
- 防蚀电镀
  锌（Zn）、锡（Sn）、镍（Ni）、铬（Cr）等
- 装饰电镀
  金（Au）、银（Ag）
- 精密电镀（功能电镀）
  各种金属合金（多晶 - 非晶态）等
  （以获得机械的、电子及电气的、磁的、光学的、化学的等各种高功能和性能）

图 2　铜的电镀

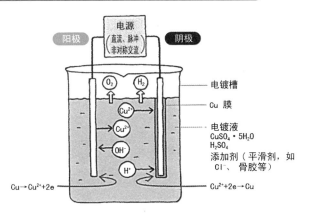

图 3　电镀膜的析出，阴极附近的反应状况

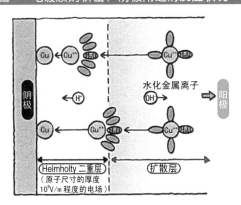

4.5.5 铝用于 IC 芯片的优缺点

作为硅器件的电极，早期缘何选中 Al 呢？最主要的原因大概有以下几条：①无论对于 n 型 Si 还是 p 型 Si，Al 均能与之形成良好的欧姆接触；②与 SiO_2 的结合性好；③在空气中表面钝化，故性能稳定；④容易成膜。与此同时，与 Al 和 Si 相关联的器件中，Al 布线已部分地被 Cu 布线所替代。尽管 Au 和 Ag 的电阻率也比 Al 的低，但作为布线仍未见到大量使用的苗头。

作为 Si 器件的电极材料，使用最广且最早就使用的是 Al 及其合金。作为合金，有 Al-Si、Al-Si-Cu 等。

Al 与 SiO_2 间具有良好结合力的原因，是 Al 与氧的亲和力强，或者说 Al 具有很强的还原性。在 Al 与 Si 的接触面上，由于热氧化处理而形成的 Si 的自然氧化膜就会与 Al 发生如下反应：

$$2Al + 3/2\ SiO_2 \longrightarrow Al_2O_3 + 3/2\ Si$$

在去除 SiO_2 的同时，使 Al 和 Si 实现良好接触。

参照 4.2.3 节表中主要金属物性的比较，以电阻率为例，Al 为 $2.8\mu\Omega\cdot cm$，Ag 为 $1.6\mu\Omega\cdot cm$，Au 为 $2.2\mu\Omega\cdot cm$，而 Cu 为 $1.7\mu\Omega\cdot cm$。从比 Al 电阻率低，以及耐电迁移的角度，目前关注的是 Cu，也许还有 Ag，因为后者电阻率更低。当然，在选择布线金属时，除了考虑与 SiO_2 的结合性之外，还要考虑加工性、是否容易发生电迁移、是否容易与其他金属发生低温共晶实现合金化等诸多因素。从这种意义上讲，Al 布线也许会长期使用，只会有部分被 Cu 布线所替代。

Ag、Au、Cu 共同的问题是，由于这几种金属在 SiO_2、Si 中的扩散系数非常大，在 Si 中作为寿期抑制因数（life time killer），会使 Si 晶体的电学性能变差。

不管怎么说，Al 用于 Si 器件的最大优势是其与 Si 的相容性。但同时也会遇到许多烦恼。早在 1969 年发表的论文中就比较了半导体器件中 Al 的优点和缺点（表1、表2）。尽管经过了半个世纪，表中列出的内容却变化不大，这是 Al 的物性未发生变化所致。

本节重点

(1) 指出 Al 用于半导体器件的优点和缺点。

(2) Al 的这些优点和缺点由何种原因引起？如何克服其缺点？

(3) Al 电极容易发生哪些可靠性问题？

表1　铝用于半导体器件的优点和缺点

优　点	缺　点
1　单一组成的金属	1　难以由CVD法成膜
2　低价格的材料	2　难以由电镀法成膜
3　高导电性	3　容易发生电迁移，对电流密度有更严格的限制
4　利用W丝等电阻加热蒸发源即可真空蒸镀，成膜方便	4　由于电迁移的结果，容易引起层间短路
5　与Si和SiO_2具有良好的结合性	5　在与异种金属共存的条件下，容易引起电化学腐蚀
6　图形加工性好	6　在低温发生再结晶化，往往成为产生突起等的原因
7　与Si和SiO_2间可以进行选择性刻蚀	7　在约500℃以上便会与SiO_2发生反应
8　对SiO_2有还原作用（发生在键合球内，利于提高键合强度）	8　会形成Al-Au间的化合物（电阻增加）
9　对于n^+-Si，p^+-Si可以形成低电阻的欧姆接触	9　在与Al、Au丝键合时应注意可靠性问题的发生
10　可以形成稳定的Al-Si合金层	10　由于质地柔软，易受机械损伤
11　不形成Al-Si间的化合物	11　在Al的晶界，易发生Si的沉淀，由此可能引发可靠性问题
12　不会由于Al-Si合金化而使电阻上升	12　容易存在内应力
13　从Al-Si溶液中重结晶化的Si可得到含Al的p型	13　Al的热膨胀系数比Si的大，比SiO_2的更大
14　采用Au、Al丝可以方便地实现键合	14　Al-Al间难以实现良好的电气接触，因此多层布线中要引入其他技术*
15　富于延展性，耐温度循环性好	15　在电解液中会发生腐蚀
16　在氧化性气氛中稳定	16　较难形成图形
17　由于是单一组成的金属，不必担心电化学的相互作用	17　功函数大致使MOS的V_{th}高
18　与Si间的共晶点低，大约为577℃	18　受SiO_2刻蚀液的浸蚀作用
19　适用于耐辐射性的器件	

表2　Al电极容易发生的可靠性问题

"铝钉"（spike）	由于热处理（烧结等）、通电而发生 发生在横方向及纵方向，使pn结短路
电迁移	电流容量 由于电子与Al原子间的动量交换，使Al发生移动，从而一端产生孔洞，另一端产生凸起等 ——发生电流集中，引发断线等
应力迁移	由于Al自身中的应力以及与上下膜层之间产生的应力而造成断线 特别是在图形线宽很窄的场合，横切图形的晶界（grain boundary）往往产生断线
Al堆积	因破坏层间、线间的绝缘膜而发生短路
腐蚀	因与塑料封装中存在的湿气发生反应而受到腐蚀
Al与SiO_2间的反应	Al会使SiO_2发生还原反应（出现在高温处理的场合）

4.6 曝光光源不断向短波长进展
4.6.1 如何由薄膜加工成图形

　　光刻技术是指利用光刻材料(特指光刻胶)在可见光、紫外线、电子束等作用下的化学敏感性，通过曝光、显影、刻蚀等工艺过程，将设计在掩模版上的图形转移到衬底上的图形微细加工技术。光刻技术是现代半导体、微电子、信息产业的基础。

　　下图表示由薄膜加工成图形的概要。最先进的超微细加工方法可以达到10nm的水平，这比病毒的尺寸还小。如果能将加工所得的薄膜巧妙地从基板上剥离，夹在手指间，根本感觉不到任何的厚度。要达到如此之薄的程度，必须使用基板，在其上制作和加工器件。在基板本身或其上加工薄膜，需要在其上涂覆感光材料（光致抗蚀材料），有很多种进行涂布的方法。之后要在其上放置一个照片底片一样的装置，称为掩模（也叫中间掩模），使它与基板进行重叠。然后进行显像完成图形的转写，就像对相片底片进行曝光一样。掩模需要单独制作。按照转写的电路图形进行加工，加工过程如图中 (g)、(h) 所示。薄膜的加工主要是进行刻蚀，以形成电气回路。基板的加工主要是进行掺杂，以形成三极管。

　　以上就是超微细加工的一个循环，然后再从图中 (b) 开始进行循环加工。在每一轮加工中，精度都是极其重要的，需要达到最小尺寸的20%。

(1) 介绍由薄膜制成电路图形的加工过程。
(2) IC芯片制作中，哪些属于"加"的过程？分别加以介绍。
(3) IC芯片制作中，哪些属于"减"的过程？分别加以介绍。

由薄膜加工成图形的概要

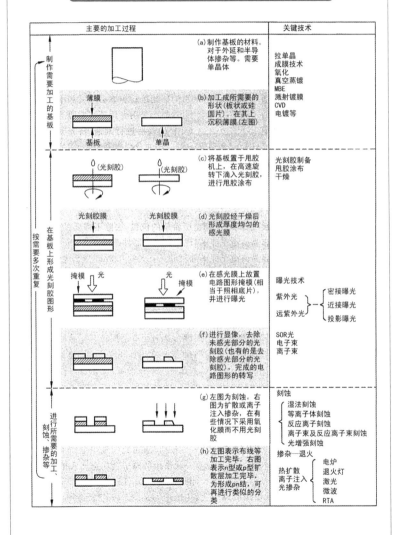

4.6.2　几种常用的光曝光方法

　　光刻（lithography）这个词由 litho（石）和 graphy（画法）两部分组成，原意是石版印刷，词意引申也指平板印刷。在集成电路制作领域，意指将所需要的电路图形描绘在基板上，即平常所说的**光刻（photo-lithography）**。

　　最早于 20 世纪 70 年代，先是利用可按设计数据制图，被称为图形发生器（generate）的掩模制作装置，采用调制盘（reticule），按实际晶圆上的图形放大 10 倍的关系制作原版。再由原版采用称为光分步重复机（photo repeater）或分步相机（steper and repeater）的装置，制作与实际晶圆相同尺寸且同样排列的掩模。采用该掩模在 Si 晶圆上进行**接触式曝光**形成图形（图 1）。这种方式的图像分辨率在 5～10μm，达到 3μm 水平（64kb DRAM）亦有可能。针对集成电路，作为从 1kb DRAM 到 16kb DRAM 的主力加工技术，曾经辉煌一时。

　　但是，采用这种方法，一旦在晶圆和掩模间夹有沙粒等（很难避免），便会产生缺陷，造成图像分辨率下降，还会遇到掩模与晶圆上的光刻胶发生粘接等麻烦。为了解决这些问题，最早开发的是使掩模与晶圆不接触的方法。作为非接触方式，有图 2 所示的**近接曝光法**（近接转写曝光）及**等倍（1：1）投影曝光法**。工业制造中广泛采用的是后者，从 64kb DRAM 到 256kb DRAM，可进行图像分辨率从 3μm 到 2μm 左右的加工。但是图像分辨率存在限制，难于进行图像分辨率 1μm 水平的加工。

　　打破上述限制，构筑光刻技术发展基础的是图 3 所示的**缩小投影曝光技术**。接触曝光法、近接曝光法、等倍投影曝光法等采用的都是一块晶圆全面一次曝光的方式，与之相对，缩小投影曝光法是针对比晶圆小的狭小区域一次曝光，反复进行，实现对晶圆整体曝光。其结果是光学系统的图像分辨率得以飞跃性提高，实际上，得益于光学系数值孔径的提高、曝光波长的短波长化、各种提高图像分辨率技术的导入等，已由当初的 2μm 水平发展至 0.1μm 以下。而且，后续又不断有新的技术导入，使图像分辨率进一步提高。例如通过在透镜与晶圆间导入液体，采用所谓**液浸透镜曝光技术**就是早期开发的一例。

<table>
<tr><td>本节重点</td><td>（1）什么是"光刻"？光刻Ⅰ和光刻Ⅱ是如何区分的？
（2）光曝光的方式分为哪几种类型？各有什么特点？
（3）缩小投影曝光与之前的曝光方式相比有哪些优点？</td></tr>
</table>

图 1　接触式曝光法

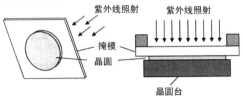

图 2　近接曝光法和等倍投影曝光法

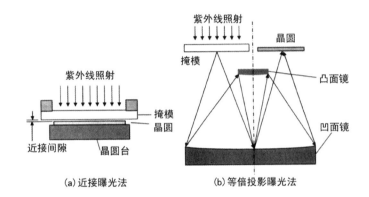

(a) 近接曝光法　　(b) 等倍投影曝光法

图 3　缩小投影曝光法

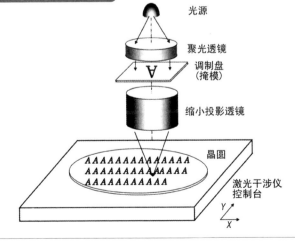

4.6.3 光刻对周边技术的要求

光刻技术作为整个高集成化技术的核心，一直处于发展和变化的前沿。随着步进重复曝光机光源不断向短波长进展，与之相关的技术领域，包括光源、光刻胶、曝光技术、刻蚀方法、精度保证及检测等也不断取得进展，如图1～图2所示。

仅以光学光刻技术为例，先后经历了从利用可见光的"g线（435nm）一次式"、紫外线的"i线（365nm）一次式"，到准分子激光光源的"KrF（248nm）准分子激光一次式"曝光等。而后在世纪之交，先进批量生产的IC生产线，采用了特征线宽（设计基准）为90～130nm的技术。与之相配的曝光机，使用氟化氩（ArF）气的准分子激光为光源，其波长为193nm（图2）。

为适应进一步的微细化，进一步开发出采用氟二聚体（F2）气体的准分子激光（153nm），以及利用等离子体产生的超紫外（Extreme Ultra Violet，EUV）光（13nm，10.8nm）等。

过去的曝光装置（干式曝光装置），投影透镜与晶圆之间为空气。与之相对，液浸曝光装置的投影透镜与晶圆之间充满液体，以此进一步提高分辨率。这是由于，从透镜射出的光在到达晶圆的过程中，经过的是折射率比空气大的液体（如水），提高了透镜的数值孔径，从而提高了分辨率。

在现有ArF步进曝光机（可对应90nm）的基础上，采用上述液浸曝光系统，可以实现65nm的特征线宽，并可延长ArF系步进机在IC产业中的技术寿命。如果进一步选用最佳折射率的液浸曝光用液体替代水，甚至可满足特征线宽为45nm、32nm的批量生产要求。作为下一代曝光技术，正在开发的有采用等倍X射线及缩微X射线的曝光技术，以及采用电子束的曝光技术。

本节重点

(1) 随着IC芯片特征线宽的微细化，曝光波长是如何变迁的？
(2) 曝光波长变迁由哪些光源的变化来保证？
(3) 曝光波长变迁由哪些透镜系统的变化来保证？

图 1 步进重复曝光机光源向短波长的进展（批量生产水平）

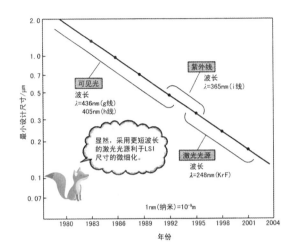

图 2 光学微影光刻技术的开发经历

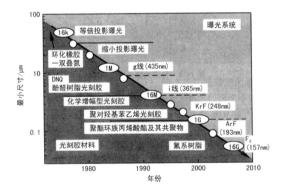

4.6.4 曝光波长的变迁及相关的技术保证

图形的光刻是靠调制盘的缩小投影曝光进行的。利用分步相机逐次形成图形。为了进行缩小投影，分步相机由**光学透镜系统**、**照明系统**（光源），进行 step—and—repeatrn 所需的**精密驱动** X-Y **曝光台**，以及保证整个系统稳定性的环境室所组成。

分步相机的性能要素，有缩小投影透镜的性能和调整对位（aligment）精度，X-Y 曝光台的精度等。通过缩小投影透镜及光源的进步而使图像分辨率提高的措施有：①提高数值孔径（Numerical Aperture，NA）；②光源的短波长化。

通过光源的短波长化，图像分辨率得到长足进展，分辨率到 $0.15\mu m$ 的图形采用 KrF 光源（249nm），分辨率到 $0.10\mu m$ 的图形采用 ArF 光源（193nm）。分辨率到 $0.1\mu m$ 以下采用更短波长的 F_2 光源（157nm）等（图1）。

随着 NA 提高、光源向短波长化进展，会带来景深（Depth Of Focus，DOF）变短的问题。

透镜的**分辨率**（$R/\mu m$），**波长**（$\lambda/\mu m$），**景深**（$D/\mu m$），透镜的数值孔径 NA，以及工艺实力决定的常数 k_1、k_2 之间的关系式：

$$R=k_1 \cdot \lambda/NA \tag{4-7}$$
$$D=k_2 \cdot \lambda/(NA)^2 \tag{4-8}$$

因此，为了提高图像分辨率（即使 R 变小），希望 NA 大且 λ 小（即短波长化）。但这同时会造成景深（D）减小。因此，对存在景深以上凹凸的表面曝光，便不能得到式（4-7）所示的分辨率。也就是说，**分辨率**和**景深**之间存在折中（trade off）关系。

上述关系见图2。例如，采用 KrF 光源要得到比 $0.2\mu m$ 更高的分辨率，DOF 就很小了。k 的数值由光刻胶工艺等实力因素决定，标准情况在 $0.5 \sim 0.6$。现在，NA 最高水平可达 $0.65 \sim 0.75$。

（1）指出分辨率 R、景深 D 及数值孔径 NA 的物理意义。
（2）写出 R 及 D 与光源波长 λ 及数值孔径 NA 之间的定量关系式。
（3）分析 R 与 D 之间的折中关系。

图 1　曝光波长的变迁及相关的技术

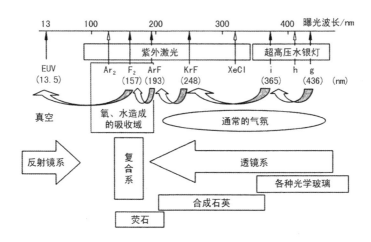

图 2　步进曝光中图像分辨率、数值孔径 (NA)、波长、焦点深度间的相关性

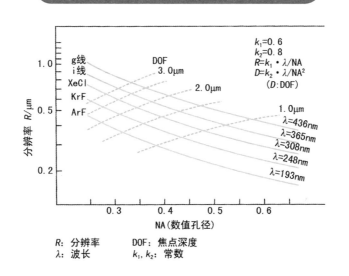

4.6.5 光刻系统的发展及展望

自 20 世纪 50 年代以来，光刻技术历经了紫外全谱、g 线（436nm）、i 线（365nm）、深紫外，以及下一代光刻技术中最引人注目的极紫外光刻、电子束光刻等六个阶段。较为先进的光刻技术是 193nm 浸没式光刻，配合双重曝光技术可以达到 32nm 节点，采用四重曝光技术可以达到 14nm 节点。这一技术的缺点是增加了光刻的难度和步骤。目前，利用 13.5nm 的极紫外（EUV）光刻技术可以达到 22nm 节点，甚至可以达到小于 10nm 的节点，所以 EUV 光刻技术是下一代光刻技术的研究重点。但是，EUV 光刻技术中使用的光源、光刻胶、掩模及光刻环境与现有体系差别较大，限制了 EUV 的商业化进程。EUV 可用的光刻胶包括聚对羟基苯乙烯、聚碳酸酯类衍生物、分离玻璃光刻胶等。

图 1 汇总了光刻系统的发展经历及展望。作为光曝光的**后世代曝光技术**（Next Generation Lithography，NGL），依据**曝光射线能级**，可分为软 X 射线方式、电子束方式、离子束方式。另外，按**曝光方式**，可分为与采用光同样的缩小投影掩模方式、等倍掩模方式，以及利用细聚焦的电子束及离子束等能量束方式。

图 2 按曝光波长（能级）不同，对各种曝光方式的图像分辨率进行了比较。传统光刻技术，属于该图中波长最长的区域，光的能级低。而且，由于采用缩小曝光方式，其图像分辨率受瑞利公式所表示的夫琅和费衍射所支配，由于图像分辨率 R 与波长 λ 成正比，故用斜率等于 1 的直线表示。

到电子束区域，图像分辨率则由电子散射决定。图中没有考虑后方散射引起的图像分辨率下降的补偿。若不考虑后方散射，其图像分辨率则受前方散射的支配。但是，根据经验，通过光刻胶的薄膜化可以减轻这种效果。若采用数 kV 以下的加速电压，与超薄光刻胶相组合，可实现高图像分辨率。

（1）"后世代曝光技术"包括哪几种？
（2）X 射线曝光的图像分辨率由哪些因素决定？
（3）电子束曝光的图像分辨率由哪些因素决定？

图 1　光刻系统的发展经历

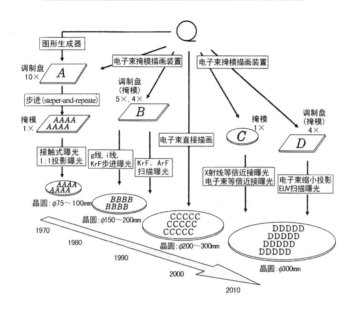

图 2　图像分辨率与曝光波长的关系

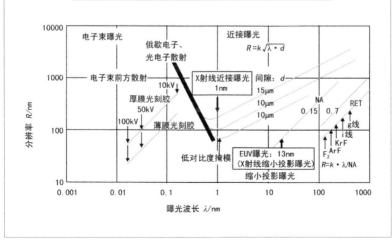

4.7 光学曝光技术
4.7.1 图形曝光装置的分类及变迁

在光源向短波化的进展中，从可见光的 g 线 (436nm)、h 线 (405nm)，紫外光的 i 线 (365nm) 及对应大于 130nm 特征线宽的氟化氪 (KrF) 准分子激光 (248nm)，向着对应大于 90nm 特征线的氟化氩 (ArF) 准分子激光 (193nm) 发展。为对应 90nm 甚至更小尺寸的特征线宽，又开发出更短波长的 F_2 准分子激光 (157nm)。

下图给出曝光波长及相应系统的变迁和图形曝光装置的分类。在光学曝光装置中，历史上曾经经历过接触式曝光、近接 (proximity) 曝光等方式。目前，采用 KrF 光源以及 ArF 光源的步进式 (steper) 曝光机都有市售，由此可以制作特征线宽为 130 ~ 150nm 的图形。而且，不采用一次式缩微投影，而采用扫描方式，并可直接制作缩微图形的扫描式 (scanner) 曝光机也已出现。这种曝光机可以制作畸变量小、曝光场 (field) 面积大的图形。作为进一步提高图形分辨率的技术，采用相位移动掩模 (Phase Shift Mask, PSM) 的方法也达到实用化。

光学曝光技术终将发展到极限，为此人们正在开发 X 射线 (XR)、电子束 (EB) 曝光技术。作为技术指南，为实现 $0.09\mu m$ (90nm) 的分辨率，除了采用 ArF(193nm)+PSM，F_2(157nm) 光源之外，相继开发的还有：

① EPL(Electron Projection Lithography)：电子束投影曝光；
② XRL(X-Ray Lithography)：X 射线曝光；
③ IPL(Ion Projection Lithography)：离子束投影曝光。

为实现 $0.07\mu m$ (70nm) 的分辨率，除了采用 F_2(157nm)+PSM 以及上述 EPL、XRL、IPL 之外，相继开发的还有：

① EBDW(Electron Beam Direct Writing)：电子束直接描画；
② EUV(Extreme Ultra Violet lithography)：极短波长紫外线曝光。

对于 $0.05\mu m$ (50nm) 的图像分辨率来说，在光中只有 EUV 才能胜任，此外还有 EPL、EBDW、IPL 等。EUV 的波长为 13.5nm、10.8nm 等，是极短的，适应这种波长的透镜系材料大概不太好找，可行的方法是采用反射镜系。

(1) 介绍图形曝光方式的分类。
(2) 近接曝光与缩小投影曝光相比有哪些优点？
(3) 正在开发的短波长曝光方式有哪几种类型？

图形曝光装置的分类

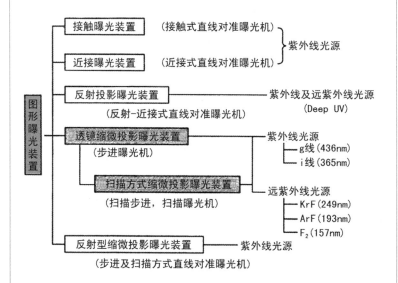

X射线曝光装置 (X-Ray Lithography，XRL)	・开发阶段
激光束曝光装置 (Laser Beam Lithography，LBL)	・刻线板制作(掩模描画) ・回路图形、掩模修复
电子束曝光装置 (Electron Projection Lithography,EPL)	・刻线板制作(掩模描画) ・等倍掩模制作(掩模描画) ・硅圆片上直接描画图形 ・回路图形、掩模修复
离子束曝光装置 (Ion Projection Lithography,IPL)	・回路图形、掩模修复

4.7.2 光曝光方式

光刻工艺最重要的要求是要正确、忠实地描画出所设计的图形，特别要保证不能使微细图形模糊（**图像分辨率**要高）。另外，为制作一个器件，要将各种各样的图形进行数次乃至数十次的重叠，因此提高**重叠精度**也极为重要。而且，对**吞吐能力**（throughput，单位时间的处理件数）也有一定的要求。

光刻中要使用照相技术。如4.6.1节图（c）、（d）所示，首先要在基板上涂布光刻胶，上方重叠掩模使其曝光（开始多使用可见光，因此称为**光曝光**，图（e）），曝光与照相机打开快门相当；其次是显像（图（f）），至此就完成了在基板上转写图形的任务。每道工序都不可或缺，但重叠曝光工序特别重要。

迄今为止所使用的有如图1所示的几种方法。图1（a）所示的接触曝光法，由于掩模与基板紧密接触，其效果与经由底片对相纸曝光相当。具体的方法是，由图2所示的光源（高压水银灯）发出的光，经凹面反射镜和准直透镜变成平行光源，再由平面反射镜反射，通过掩模而曝光。由于掩模与基板间一旦存在沙粒则会伤及双方，因此开发出使二者间保持$10\mu m$左右间距的**近接曝光**（图1（b）），此后又开发出图1（c）、（d）所示的缩小投影曝光法和反射投影曝光法。

光曝光法中最值得注意的是由光的**衍射现象**（由光的波动性所致）引发的问题，如图3所示，由于光的衍射，即使不被光照射的边缘部分，也会有光影存在，致使图形边缘模糊，影响图像分辨率。为避免此衍射现象，需要减小光的波长。由可见光（波长$0.38\sim0.78\mu m$）采用掩模曝光可获得的最小图形线宽是$0.1\mu m$。目前元器件所要求的最小线宽已远小于此，因此需要采用更短波长的光，如紫外光、激光、X射线（图4）甚至电子束、离子束等。

本节重点

（1）对光刻工艺有哪些要求？
（2）什么是光曝光方式中的光衍射现象？它因何引起、有何危害？
（3）如何防止光衍射现象？

图 1　光曝光的方式

（a）接触曝光　　（b）近接曝光　　（c）缩小投影曝光　（d）反射投影曝光

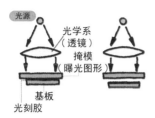
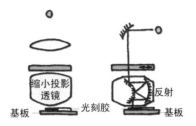

图 2　接触曝光法实例

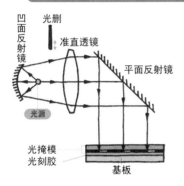

图 3　衍射现象

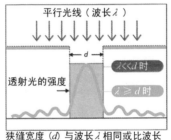

狭缝宽度（d）与波长 λ 相同或比波长小。透射光除了适过狭缝之外向两边拖一个长长的尾巴

图 4　曝光用各种光线

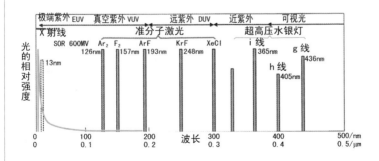

4.7.3 近接曝光和缩小投影曝光

为了不伤及光刻掩模和基板,二者之间相距 d_{pw} 的方法称为近接曝光法。原理如图 1 所示。超高压水银灯发出紫外光,第一反射镜、凹透镜、蝇眼透镜单元(多数为凸透镜的集合)将分布在基板上的光线均匀化。第二反射透镜、准直透镜将光束平行化。光线通过掩模到达基板,曝光就完成了。

该方法的分辨率为 $R=\sqrt{(d_{pw} \cdot \lambda)}$($\lambda$ 为光的波长),d_{pw} 接近 10μm 就比较困难了。为此,这种技术在半导体领域已不再使用,但是仍适用于最小图案达到微米量级的等离子体液晶显示屏。

从最小尺寸为几个 μm 左右开始,现在的目标在 0.1μm 以下。进行了许多改良之后,得到了缩小投影曝光法(stepper)。基板和掩模完全分开,使用透镜进行投影和曝光,这样掩模就可以永久保留了。透镜的焦点深度如图 2 所示。为了提高分辨率,就要增加数值孔径(当然也可以缩短光的波长),焦点深度(适合聚焦的距离范围)就要变浅。根据这些关系,应将数值孔径定在 0.6 左右,焦点深度设计为 1μm 左右。为了得到高分辨率而开发了这种方法。

如果使用一个完整的大基板进行加工,在超微细加工的一个循环过程中,基板会不断地升温降温,会发生变形,可能使焦距无法对准[焦点深度 1μm 就很小了,如图 4(b)(c)]。图 2 中的 θ 角变大,很难顾及基板的每个细节。为了解决以上困难,如图 3 所示,将基板划分为许多小块,在掩模上标出相应的图形位置。对焦,并用缩小投影透镜将清晰的图形一步一步重复曝光。这样,像图 4(a)那样的掩模上图案的缺陷或伤痕也可以被忽视了,也就增长了掩模的使用寿命。另外,也可以轻松地加工凹凸不平的图形。

本节重点

(1)什么是近接曝光方式?它由哪些部分组成?
(2)近接曝光方式的图像分辨率由哪些因素决定?
(3)缩小投影曝光法有哪些优点?

图 1　近接 (proximity) 曝光装置

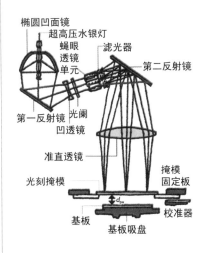

图 2　透镜系统的图像分辨率与焦点深度

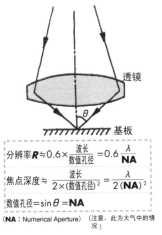

分辨率 $R \fallingdotseq 0.6 \times \dfrac{波长}{数值孔径} = 0.6\,\dfrac{\lambda}{NA}$

焦点深度 $\fallingdotseq \dfrac{波长}{2 \times (数值孔径)^2} = \dfrac{\lambda}{2\,(NA)^2}$

数值孔径 $= \sin\theta = NA$

NA: Numerical Aperture　（注意，此为大气中的情况）

图 3　缩小投影曝光法的实例

硅圆片(b)在前后左右运动的同时，通过光学系统(a)，按图中所示分为许多区域（该图中分为 21 个区域），逐区域地进行 step and repeat 曝光

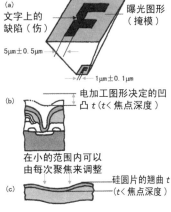

图 4　缩小投影曝光法的优点

(a) 文字上的缺陷（伤）　曝光图形（掩模）

5μm±0.5μm　　1μm±0.1μm

(b) 电加工图形决定的凹凸 t（t<焦点深度）

在小的范围内可以由每次聚焦来调整

(c) 硅圆片的翘曲 t（t<焦点深度）

4.7.4 曝光中的各种位相补偿措施

使用老式望远镜看景色的时候，山脊线和建筑、天空的交界处，经常会有彩虹一样的像出现。这是光在通过透镜时，因为波长的不同，折射率也不同而产生的现象（色差）。在曝光装置中如果出现这样的现象，像就会变得模糊不清。例如，超高压汞灯（的光谱中）会出现三条线，但使用滤光器，可以只把其中的一条线分离出来使用，这样在透镜中就不会有色差。即使这样，如果能同时使用超高压汞灯的三条线，就能提高效率。

由此诞生的就是如图1所示的反射投影曝光装置。在这种时候，符合焦距的空间范围是圆弧形，所以使用圆弧形的照明光，对掩模和基板同时进行扫描。使用这种方式，要获得1μm以下的分辨率比较困难，但是因为扫描很适用于大型基板，所以这种方法在液晶或等离子显示器的大量生产中被广泛使用。

图2就是各种位相变换法的示意图。在①中，通过如（a）中普通掩模的光线到达②中的基板上。因为光强是振幅的平方，所以实际光强会像③中那样，这样①中的普通掩模是无法分辨的。因为光是波，在图2（b）中，使用了折射率不同的膜（位相变换膜），如图2②，光波变为反相，与原光波合成之后，如图3③，就可以分辨了。如图2（c）中，只使用位相变换膜也是可以的。另外，如图3（a）中，设计图案为方形时，光刻胶会变成如图所示的图形。为了解决这个问题，在四个角的位置要设计突出的图形。当两个方形图案很近的时候，这种修正也变得复杂起来［如图3（b）］。

本节重点

（1）用彩虹现象解释透镜产生色差（模糊不清）的原因。
（2）什么是反射式投影曝光方式？它的图像分辨率可达多少？
（3）曝光中为什么需要位相补偿？有哪几种位相补偿措施？

图 1　反射投影曝光装置的实例

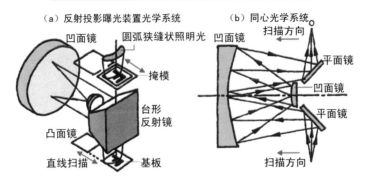

（a）反射投影曝光装置光学系统

凹面镜　　圆弧狭缝状照明光
掩模
台形反射镜
凸面镜
直线扫描　　基板

（b）同心光学系统

扫描方向
凹面镜
平面镜
凹面镜
平面镜
扫描方向

图 2　各种各样的位相变换法

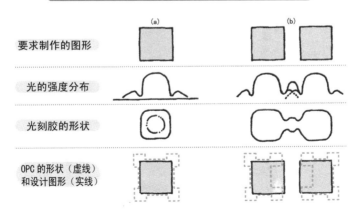

（a）通常的掩模　　（b）Levenson 型位相变换掩模　　（c）透过型位相变换掩模　　（d）半灰度（half-tone）位相变换掩模

①
②
③

图 3　光的近接效应和光的近接效应补偿

	(a)	(b)
要求制作的图形		
光的强度分布		
光刻胶的形状		
OPC 的形状（虚线）和设计图形（实线）		

4.8 电子束曝光和离子束曝光技术
4.8.1 电子束曝光技术

　　与光同样，采用电子束赋予光刻胶材料以能量，也可以形成**潜像**。由于电子束的波长决定于电子所带的能量，其波长比一般意义上的光要小得多，因此采用电子束可以形成更微细的图形。通过电子显微镜看到原子的分辨率，大约是原子的大小，也就是0.2nm 的程度。电子束的控制性非常好，因此人们期待着，只有被电子束照到的地方才会感光，不需要掩模。但是靠 0.2nm 的电子束扫描来制图，要花费很长的时间，生产率难以提高。这是这种方法的缺点，但是最近人们又看到了希望。

　　用电子束制图的方式，在提高生产效率方面取得了进步。图 1 给出了几种具有代表性的方式。在图 1 (b1) 中，涂有光刻胶的基板全部受到特定粗细的电子束的扫描，同时，通过控制电子束的开关描绘图像。这种方法称为光栅扫描。图 1 (b2) 是矢量扫描，只在想要描绘出图像的地方来回移动光束进行描画。使用这些方法，可以节约一些时间。要实现这种方法，使用的装置如图 2 所示，基本和电子显微镜一样。为了提高速度，采用了将电子束变形为三角或四角形的方法 (可变成形束)。这就是图 1(b3) 表示的方法。实际上就像图 3 所示的那样，通过第 1、第 2 成形孔径将电子束成形，然后照射到基板上进行曝光。

　　最近，在掩模的位置放置批量曝光用的大号掩模，对全体进行批量曝光的技术 (EPL) 与其他 27 项技术一起，被称为新一代曝光技术而备受期待。通过使用 100kV 的加速电压和漏字板的掩模，和缩小投影曝光法一样，可以实现 4 倍于缩小投影曝光的生产速度 (60 枚 /h) 。

本节重点
　　(1) 电子束曝光方式有什么优缺点？
　　(2) 电子束曝光方式有哪几种？请分别加以介绍。
　　(3) 请介绍对全体进行批量曝光的技术 (EPL)。

图 1　电子束曝光的主要方式

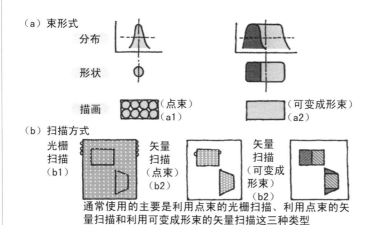

（a）束形式

分布

形状

描画　（点束）（a1）　　　（可变成形束）（a2）

（b）扫描方式

光栅扫描（b1）　矢量扫描（点束）（b2）　矢量扫描（可变成形束）（b2）

通常使用的主要是利用点束的光栅扫描、利用点束的矢量扫描和利用可变成形束的矢量扫描这三种类型

图 2　利用点束的曝光装置的实例

图 3　利用可变成形束的曝光装置的实例

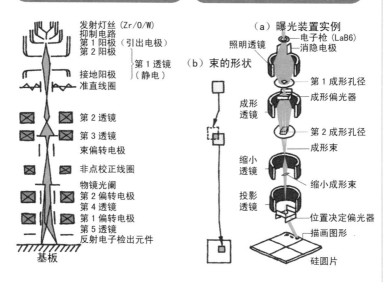

发射灯丝（Zr/O/W）
抑制电路
第 1 阳极（引出电极）
第 2 阳极
第 1 透镜（静电）
接地阳极
准直线圈
第 2 透镜
第 3 透镜
束偏转电极
非点校正线圈
物镜光阑
第 2 偏转电极
第 4 透镜
第 1 偏转电极
第 5 透镜
反射电子检出元件
基板

（a）曝光装置实例

照明透镜
电子枪（LaB6）
消隐电极
第 1 成形孔径
成形偏光器
成形透镜
第 2 成形孔径
成形束
缩小透镜
缩小成形束
投影透镜
位置决定偏光器
描画图形
硅圆片

（b）束的形状

4.8.2　低能电子束近接曝光（LEEPL）技术

被称为低能电子束近接曝光（Low Energy Electron Proximity Lithography，LEEPL）的方式，与 X 射线等倍曝光同样，是采用等倍的掩模近接晶圆进行曝光的方式。通过采用掩模而使曝光时间缩短的方式，与电子线投影曝光方式同样，但曝光区域比投影曝光方式更广，也可以对芯片整体曝光。而且，由于是等倍曝光，可使照明光学系的一部分有偏转功能，有可能进行掩模的位置精度补正和倍率补正。而且曝光中采用 2 ～ 3kV 左右的低加速电压。

LEEPL 曝光的主要特征有以下两点：①使用 2kV 的低加速电子束：因为电压从原来的 100kV 降为 2kV，光刻胶的敏感度也变为原来的大约 50 倍。另外，电子束在光刻胶中的散射也比较小，近接效应可以忽略。②相比于等倍近接曝光，电子光学系统极为简单：由于掩模静止曝光，所以高速高精度的真空内掩模台就不需要了。

LEEPL 试验机的原理和性能如图 1、图 2 所示。由图 1 中透镜和偏向器等主要部件可以看出，其结构较为简单。从图 2 可以看出，分辨率达到 100nm 当然没问题，即使是划分为 70nm，生产速度也可以达到每小时 60 枚。图 3（a）、（b）分别是 45nm 宽的线和直径为 48nm 的孔的转印图形。图 3（c）是为了验证有没有近接效应而设计的图形，中间孤立的图形与左右的图形逐渐接近。在这里可以看到形成了良好的图形，因而不必担心近接效应。因为使用了 2kV 的低加速低电压电子束，就可以使用薄膜技术制造掩模了。以图 4（a）为例，将图 4（b）制成如图 4（c）所示的样子只需要刻蚀就可以了。这种有孔洞的掩模称为漏板。当然通过超精细加工也可以制造出来，现在正对此进行大量的研究。

（1）说明低能电子束近接曝光（LEEPL）的原理和结构。
（2）指出 LEEPL 的优缺点。
（3）LEEPL 的应用前景如何？

图 1　LEEPL 的原理

- 电子枪
- 透镜
- 孔径光阑
- 电子束
- 主偏向器
- 50μm
- 畸变校正偏转器
- 型板掩模
- 硅圆片

图 2　LEEPL 量产机的性能参数

电子枪	LaB_6
加速电压	2kV（1~3kV　可变）
分辨率	70nm
焦点深度	6μm　以上
重合精度	25nm　（平均 3σ）
总电流	20μA
曝光区域	46mm ×46mm
硅圆片尺寸	φ200mm/φ300mm
掩模尺寸	φ4″/φ8″
生产能力	60片/h　（200mm）

图 3　转写图形的 SEM 照片

（a）45nm 线　　（b）φ48nm 孔

（c）近接效果验证图案

图 4　掩模的实例（a）和制作方法（（b）→（c））通过刻蚀制作（a）等倍掩模

（a）

（b）　SiO_2 0.2~0.5μm　Si 0.5~2μm

Si

（c）

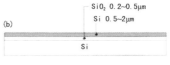

4.8.3 软 X 射线缩小投影 (EUV) 曝光技术

采用比传统光刻技术曝光波长短得多的波长，可用软 X 射线的方式，有采用波长 1nm 附近的软 X 射线的 **X 射线等倍近接转写技术** 和波长 13 ~ 14nm 区域的 **软 X 射线** [即通常所说的 Extreme Ultra Violet (EUV) 光] 的 **EUV 曝光技术** （软 X 射线缩小投影曝光技术）。

同步辐射 (Synchrotron Orbital Radiation, SOR) 光的强度高，从发光点的距离也可以取得很长，可以得到最适合近接转写曝光法的近似平行光的照明条件。因此，最近作为光源，多采用同步辐射光（图 1）。

EUV 曝光技术与传统的光刻技术同样属于缩小投影曝光技术。其曝光波长，采用能发生多层膜反射的 10 ~ 14nm 附近的软 X 射线。为了同 X 射线等倍近接转写技术有明显区别，该领域的光不称为 X 射线，而称为 EUV，因此称该技术为 **EUV 曝光技术**。由于 EUV 曝光技术采用的曝光波长仅为原来曝光波长的 1/10，因此不能采用传统的透射型（透镜），而采用反射型光学系统，后者只能采用由 Mo/Si 及 Mo/Be 等多层膜构成的反射镜。作为 EUV 曝光技术的关键技术，如图 2 所示，由光源、非球面多层膜反射光学系统、曝光装置（真空中的机构系统）、多层膜反射掩模、光刻胶制程等构成。在这些关键技术中，成为最大课题的是光源和非球面多层膜反射光学系统，其中最关键的是多层膜反射掩模。

光源决定了曝光装置的处理速度，为了确保吞吐量，要求采用非常强的光源。同步辐射光从稳定的，不会发生称为碎屑 (debris) 的飞散物的光源发出，因此是最清洁的，同时从可见光到 X 射线区域，可获得连续光谱的理想光源。但是，用于 EUV 曝光由于辉度不够，仅用作实验用光源。作为候补光源，有 **激光激发型等离子体光源** 及 **放电激发型等离子体光源**。

本节重点

（1）通常称软 X 射线缩小投影曝光为 EUV 曝光，请说明理由。
（2）什么是同步辐射（SOR）？选择 SOR 作为曝光光源的理由何在？
（3）EUV 曝光涉及哪些关键技术？

图 1　SOR 光源及纵型 X 射线近接转写曝光装置

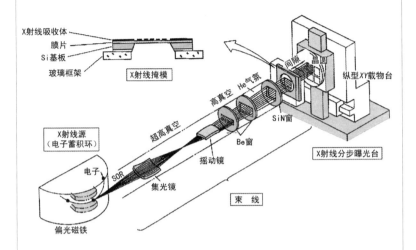

图 2　EUV 曝光的关键技术

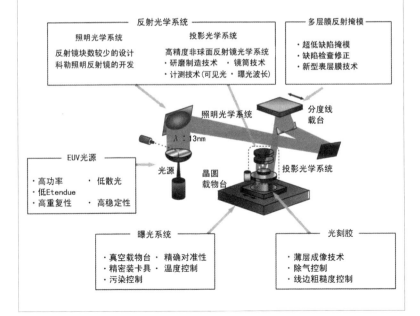

4.8.4　离子束曝光技术

　　采用离子束进行光刻的方式，与采用电子束方式同样采用极细的束，同时与电子束投影曝光法同样采用掩模的投影方案。

　　图1表示聚焦离子束型曝光装置的光学示意图。基本上采用与扫描电子显微镜（Scanning Electron Microscope，SEM）同样的离子束扫描，从而具有**冲切**（blanking）**功能**。但由于图形是一个接一个按顺序描画出来的，因此存在吞吐量（throughput）不能很高的问题。但是，与电子束方式相比，具有透镜灵敏度高的优点，同时，离子在透镜中的射程短，因此不存在使用电子束的后方散射问题。

　　作为解决吞吐量不高问题的方案，是采用离子束投影曝光法。该方法如图2所示。在此方法中，设有纵型的掩模台和晶圆台，利用丝网型掩模。由于掩模是丝网型，因此与电子束的投影曝光同样，在环型的图形曝光中，需要相位补偿型的掩模进行二次曝光。

　　如前所述，这种方式的优点是光刻胶的灵敏度可以做到很高，也期待获得比较高的吞吐量。但是，伴随着高灵敏度化，离子数减少，会出现轰击（shot）噪声问题，而且伴随轰击噪声还观测到CD精度的下降。

　　作为离子束光刻技术，采用集焦的方式，历史上已经长久探讨，但与电子束同样，由于其吞吐量不能做到很高，因此一直处于研究开发阶段。但换一个角度看，由于可以将离子直接打入所希望的场所，因此向着无掩模、无光刻胶的加工方向发展备受期待。

本节重点

（1）离子束曝光与电子束曝光方式相比，有哪些优缺点？
（2）如何解决离子束曝光吞吐量不高的问题？
（3）介绍离子束投影曝光装置的结构。

图1　聚焦离子束型曝光装置的光学示意图

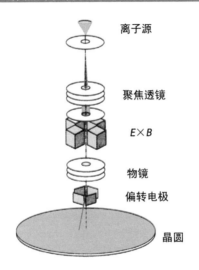

离子源

聚焦透镜

$E \times B$

物镜

偏转电极

晶圆

图2　离子束投影曝光装置的概念图

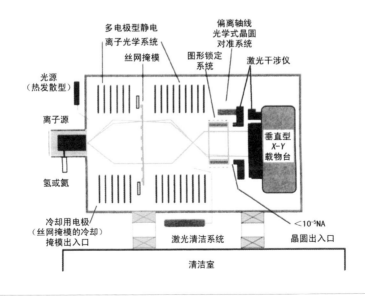

多电极型静电
离子光学系统

丝网掩模

偏离轴线
光学式晶圆
对准系统

图形锁定
系统

激光干涉仪

光源
（热发散型）

离子源

氢或氦

垂直型
X-Y
载物台

冷却用电极
（丝网掩模的冷却）
掩模出入口

激光清洁系统

$<10^{-5}$NA

晶圆出入口

清洁室

4.9　干法刻蚀替代湿法刻蚀
4.9.1　刻蚀技术在 VLSI 制作中的应用

　　下图汇总了 VLSI 中刻蚀工艺的应用形态。通常，依膜的种类不同再按应用分类，而工艺条件及装置也分别是按各自的用途加以区分的。

　　关于刻蚀的对象，在基板工序中，有隔离用及沟槽电容用的硅刻蚀，接触孔形成用的氧化膜 (SiO$_2$) 刻蚀，LOCOS 盘 (plate，选择氧化膜用掩模) 用的氮化膜刻蚀，栅及电容器结构用的多晶硅及多晶硅化物的刻蚀；在布线工程中，有需要反复进行的金属刻蚀和道通孔（过孔）形成用的氧化膜 (SiO$_2$) 刻蚀等。

　　光刻胶剥离工序对于上述所有情况都是必要的，而对于 CMOS 工程来说，由于离子注入次数多，光刻胶图形作为掩模而使用的阱形成、源－漏区域形成等，作为掩模而使用的光刻胶要在离子注入后剥离。在注量大的情况下，由于注入光刻胶的离子的作用及发热等，往往会使光刻胶硬化、变质，致使采用通常的灰化处理难以将其去除。遇到这种情况，或者用剥离专用的药液进行处理，或者用机械刮除 (brushing) 的方法来去除。

　　采用湿法刻蚀的主要是 LOCOS 盘用的硅氮化膜的刻蚀。该盘决定了三极管的栅长，是决定整体尺寸的重要工序，必须形成与基体 SiO$_2$ 具有足够大选择比的精密图形。当然，对其也可以采用干法刻蚀，但目前依然采用选择比大的湿法刻蚀。不过，这种场合下，氮化膜之上的氧化膜图形是作为掩模而形成的，在光刻胶去除后，这种氧化膜作为掩模，在热磷酸中进行氮化膜的刻蚀。除此之外，利用湿法刻蚀的工序还有几个。

本节重点
（1）请介绍刻蚀技术在 VLSI 制造中的应用。
（2）在 VLSI 制造中需要刻蚀的对象材料有哪些？
（3）在 CMOS 制造中哪些部位采用湿法／干法刻蚀？

刻蚀技术在 VLSI 制作中的应用

被刻蚀材料	部位或构件	结构简图
氧化膜刻蚀	接触孔	热氧化膜 BPSG膜等（Si，多晶硅）
	层间过孔	等离子体CVD TEOS/O$_3$ CVD SOG等（Al，Al/TiN）
硅刻蚀	隔离图形（硅沟槽）沟槽式电容器	SiO$_2$（Si）
	背面刻蚀（平坦化）	（不必使用光刻胶）
氮化膜刻蚀	LOCOS图样	Si$_3$N$_4$ SiO$_2$ 衬底（Si）
	焊　盘	等离子体CVD SiN膜
	全面刻蚀	LOCOS氧化，完成后（使用SiO$_2$掩模，去除PR）
多晶硅、硅化物刻蚀	栅　极	硅化物或难熔金属（WSi$_2$）　（W）多晶硅 SiO$_2$ 衬底（Si）
	电容器电极	三维结构的加工
金属刻蚀	Al电极布线	反射防止膜(TiN, α-Si等) Al, Al合金 衬底(SiO$_2$) 阻挡膜(TiN等)
	背面刻蚀（W塞）	W TiN SiO$_2$（不允许使用光刻胶）衬底(Si，多晶硅，Al)
其他	铁电体膜及其上的电极材料的刻蚀	——————

（PR：光刻胶）

4.9.2 干法刻蚀与湿法刻蚀的比较

　　对以光刻胶图形作为掩模的衬底进行刻蚀的方法，分**干法**和**湿法**两种。干法是在等离子体激发的气氛中，发生能对衬底或光刻胶进行刻蚀的活性基而进行的，而湿法是浸在化学药液中，进行衬底的刻蚀或光刻胶的剥离。

　　图1以刻蚀工序应用为例对干法刻蚀和湿法刻蚀进行了对比。干法刻蚀作为方案的提出是在20世纪70年代中期，此后，作为**干法刻蚀工艺、灰化工艺**而迅速实用化。干式化的优点是无公害（无废液），光刻胶对其耐性高，刻蚀效果可在线监控等，因此可以获得更精细的刻蚀图形。但是，废气排放及处理以及限制氟化物使用等问题都必须格外注意。无论从哪一方面讲，干法比之湿法都更先进，属于新技术。

　　图2表示在采用光刻胶掩模的图形刻蚀中，所形成断面形状的两种模式。图（a）为**各向同性刻蚀**（isotropic etching），刻蚀时水平方向与垂直方向等比率地刻蚀，因此会形成研钵形或火山形的图形；图（b）为**各向异性刻蚀**（an-isotropic etching），刻蚀仅沿着垂直方向进行，横向不发生刻蚀。一般情况下，湿法刻蚀是各向同性或更偏向横向的刻蚀，而干法刻蚀可以获得各向异性的形状。干法刻蚀的优点是能够忠实地按照光刻胶图形对衬底进行加工。在光刻胶去除工序中，完全与图形的精密度、掩模图形的维持等无关，只是在对衬底膜不发生损伤的前提下，将使用过的光刻胶快速去除即可。方法也有湿法和干法两种，现在以干法为主流。采用市售剥离液进行的湿法刻蚀也作为辅助而使用。而且，即使由干法处理，实际上也需要若干次湿法后处理。

本节重点

（1）什么是干法刻蚀和湿法刻蚀？给出各自的工艺流程。
（2）试对干法刻蚀和湿法刻蚀进行比较。
（3）试对各向同性刻蚀和各向异性刻蚀进行比较。

图 1　干法刻蚀与湿法刻蚀的比较

湿 法 刻 蚀	干 法 刻 蚀
◇ 工业上早已采用的传统技术	◆ 近些年开发的高新技术
◇ 往往会产生公害	◆ 一般不会产生公害
◇ 伴随污染的发生	◆ 不会发生污染的清洁过程
◇ 刻蚀过程难以控制	◆ 刻蚀过程容易控制
◇ 不需要真空	◆ 需要真空
◇ 会对光刻胶的密着性造成影响	◆ 不会对光刻胶的密着性造成影响
◇ 反应生成物的脱离比较困难	◆ 反应生成物的脱离比较容易
◇ 需要对溶液进行控制(组成、经时变化等)，相对困难	◆ 对气体的控制(压力、流量等)相对容易
◇ 图形的形状控制比较困难	◆ 可以做到更精细的图形控制
◇ 终点检测困难	◆ 终点检测容易
◇ 受加工对象物的制约	◆ 受加工对象物的制约
◇ 选择比可以达到无限的场合较多	◆ 选择比受制约的情况较多
◇ 很难适用于微细图形的加工	◆ 特别适用于微细图形的加工
◇ 不必担心辐照损伤	◆ 需要注意辐照损伤及其对图形造成的沾污

图 2　各向异性刻蚀与各向异性刻蚀的对比

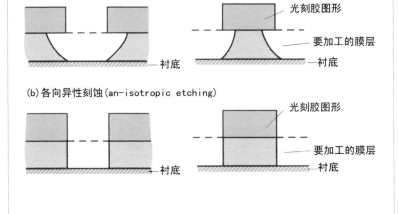

(a)各向同性刻蚀(isotropic etching)

光刻胶图形
要加工的膜层
衬底

(b)各向异性刻蚀(an-isotropic etching)

光刻胶图形
要加工的膜层
衬底

4.9.3　干法刻蚀装置的种类及刻蚀特征

　　按刻蚀气体去除刻蚀物的机理，干法刻蚀又分为物理性刻蚀、化学性刻蚀、物理化学性刻蚀 3 种。干法刻蚀装置包括等离子体刻蚀、反应离子刻蚀、溅射刻蚀以及离子磨等，最普通的干法刻蚀装置为平行平板反应离子刻蚀。

　　干法刻蚀是用等离子体进行薄膜刻蚀的技术。当气体以等离子体形式存在时，它具有两个特点：一方面等离子体中的这些气体化学活性比常态下时要强很多，根据被刻蚀材料的不同，选择合适的气体，就可以尽快地与材料进行反应，实现刻蚀去除的目的，这一般表现为各向同性刻蚀；另一方面，还可以利用电场对等离子体进行引导和加速，使其具备一定能量，当其轰击被刻蚀物的表面时，会将被刻蚀物材料的原子击出，从而达到利用物理上的能量转移来实现刻蚀的目的，这一般表现为各向异性刻蚀。因此，干法刻蚀是硅圆片表面物理和化学两种过程平衡的结果。

　　图中表示干法刻蚀装置的种类及刻蚀特征。从图中右边的双向箭头可以看出，从下至上，工作气压渐高，粒子能量变低，逐渐以化学反应为主，各向同性刻蚀渐强；从上至下，工作气压渐低，粒子能量变高，逐渐以物理反应为主，各向异性刻蚀渐强。

（1）按刻蚀气体去除刻蚀物的机理，干法刻蚀包含哪些类型？
（2）干法刻蚀装置包括哪些类型？
（3）采用等离子体进行薄膜刻蚀的理由何在？

干法刻蚀装置的种类及刻蚀特性

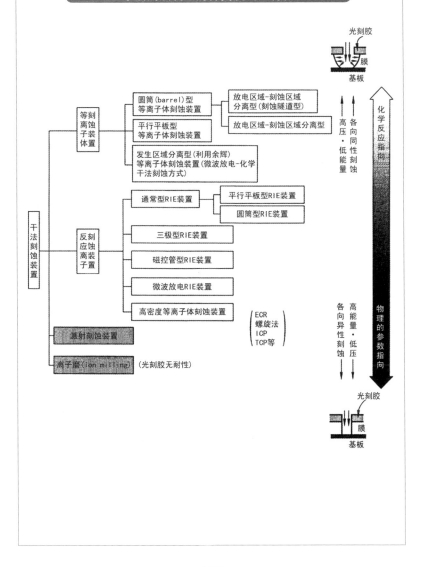

4.9.4 干法刻蚀（RIE 模式）反应中所发生的现象

无论是刻蚀还是灰化，只要是干法过程，都是等离子体激发反应的应用。在真空室内通过等离子体放电而被激发的活性基，对基板表面的光刻胶并不发生损坏作用，而对基体膜层进行攻击，发生去除反应。因此，干法刻蚀可以看成等离子体CVD 成膜的逆反应。

下面，针对图（a）所示反应离子刻蚀（Reactive Ion Etching，RIE），就反应室中所发生的现象进行说明。其与针对通常 CVD 反应等说明的机制并无大的差异，只是表面的反应模式略有差异。到达等离子体放电区域的气体在此区域中受到激发，产生活性基（species）。这种活性基到达施加 RF 电压的基板上，被吸附并与基体反应，生成新的挥发性化合物，从表面脱离。与 CVD 的情况同样，这种脱离步骤十分重要。假如不发生脱离，则反应在原地停止且过程将处于停滞状态。

另外，在基板表面附近，由于施加 RF 电压而形成离子鞘层（ion sheath，空间电荷层），据此，活性基通常受到数百伏的加速电压而垂直向基板碰撞。由此所发生的是溅射效应。换句话说，在 RIE 中，由化学活性基所引起的化学反应产生的刻蚀，与该活性基对表面的碰撞引起的物理刻蚀这两种模式同时存在。顺便指出，假如系统内导入的气体是氩等惰性气体，则不会引起化学刻蚀。

图（b）表示被刻蚀图形内部所发生的现象。受溅射被碰出的化合物（通常是含 C、H、F、O 的聚合物）在溅射进行中的侧壁或光刻胶的侧壁还有表面上会发生再附着，从而有使这部分的反应停止的效果。利用这种现象，就可以形成深的沟槽，并对沟槽侧壁的形状进行控制。

本节重点

(1) 什么是反应离子刻蚀（RIE）？
(2) 说明 RIE 反应中所发生的现象。
(3) 解释 RIE 产生各向异性刻蚀的原因。

干法刻蚀（RIE 模式）反应中所发生的现象

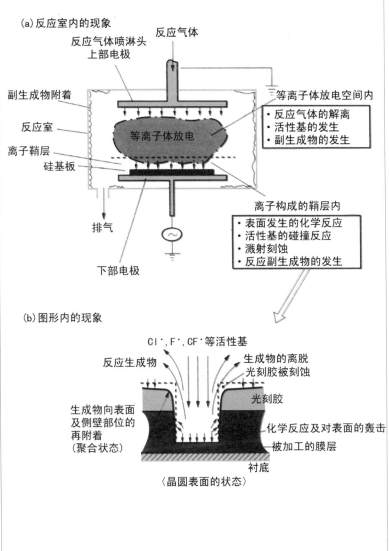

(a) 反应室内的现象

反应气体
反应气体喷淋头
上部电极

副生成物附着
反应室
离子鞘层
硅基板

等离子体放电

排气

下部电极

等离子体放电空间内
· 反应气体的解离
· 活性基的发生
· 副生成物的发生

离子构成的鞘层内
· 表面发生的化学反应
· 活性基的碰撞反应
· 溅射刻蚀
· 反应副生成物的发生

(b) 图形内的现象

$Cl^{.}, F^{.}, CF^{.}$ 等活性基

反应生成物

生成物的离脱
光刻胶被刻蚀

光刻胶

生成物向表面
及侧壁部位的
再附着
（聚合状态）

化学反应及对表面的轰击

被加工的膜层

衬底

〈晶圆表面的状态〉

4.9.5 高密度等离子体刻蚀装置

　　按刻蚀气体去除被刻蚀物的机理，干法刻蚀又分为物理性刻蚀、化学性刻蚀、物理化学性刻蚀三种。干法刻蚀装置包括等离子体刻蚀、反应离子刻蚀、溅射刻蚀以及离子磨等，最普通的干法刻蚀装置为平行平板反应离子刻蚀。

　　干法刻蚀是用等离子体进行薄膜刻蚀的技术。当气体以等离子体形式存在时，它具备两个特点：一方面，等离子体中的这些气体化学活性比常态时要强很多，根据被刻蚀材料的不同，选择合适的气体，就可以更快地与材料进行反应，实现刻蚀去除的目的；另一方面，还可以利用电场对等离子体进行引导和加速，使其具备一定能量，当其轰击被刻蚀物的表面时，会将被刻蚀物材料的原子击出，从而达到利用物理上的能量转移来实现刻蚀的目的。因此，干法刻蚀是晶圆片表面物理和化学两种过程平衡的结果。

　　4.9.3 节图中表示干法刻蚀装置的种类及其刻蚀特性。从图中右边的双向箭头可以看出，从下至上，工作压力渐高，粒子能量变低，逐渐以化学反应为主，各向同性刻蚀渐强；从上至下，工作压力渐低，粒子能量变高，逐渐以物理作用为主，各向异性刻蚀渐强。由于光刻胶对于离子磨无耐性，因此在发生刻蚀的同时被去除。

　　图中表示采用上述高密度等离子体的刻蚀装置的实例。图中分别是采用 Helicon 波、ECR、ICP 型的高密度等离子体源。

（1）介绍 Helicon 刻蚀装置，说明其产生高密度等离子体的原因。
（2）介绍 ECR 刻蚀装置，说明其产生高密度等离子体的原因。
（3）介绍 ICP 刻蚀装置，说明其产生高密度等离子体的原因。

高密度等离子体刻蚀装置

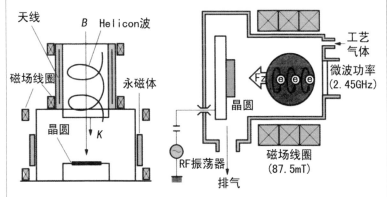

(a)Helicon波等离子体刻蚀装置　　(b)ECR等离子体刻蚀装置

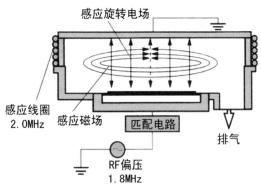

(c)ICR型等离子体刻蚀装置

书角茶桌
世界芯片产业的十大领头企业

在互联网高度普及的今天，计算机、智能手机等电子设备已经成为人们日常生活中必不可少的重要组成部分。而芯片作为这些设备的核心元件，也受到了越来越多的关注。芯片巨大的市场需求，推动了一大批芯片厂商的蓬勃发展。2017年，全球半导体行业收入高达4197亿美元，同比增长了22%。根据CNPP品牌数据研究院（亚洲）提供的数据分析，以下十家企业可以称为芯片行业发展中的领军企业。

Intel 英特尔

英特尔公司创立于1968年，总部设立在美国加州。曾在1971年推出全球第一个微处理器，推动了计算机和互联网革命的产生。由其创始人之一戈登·摩尔提出的摩尔定律更是指明了半导体芯片行业的发展方向。

成立至今的50年间，英特尔在竞争激烈的芯片行业始终处于领先地位，其技术的革新引领着整个行业的发展。2005年，英特尔实现了芯片上晶体管的栅极宽度从90nm到65nm的发展，2007年更是突破到了45nm，代表了硅芯片生产工艺的顶尖水准。英特尔的45nm high-k技术能将晶体管之间的切换功耗降低约30%、将晶体管切换速度提高约20%，同时能将栅极漏电减少10倍以上、将源极向漏极漏电减少5倍以上。

SAMSUNG 三星

SAMSUNG

1969年，三星旗下子公司三星电子成立，但是业务范围主要聚焦于冰箱行业。1978年，三星半导体从三星电子中分离，成为独立的实体，开始在本国市场内生产销售半导体产品。1983年12月，三星开发出64k DRAM（动态随机存储器）VLSI芯片，宣告三星开始成为世界半导体产品的领军企业之一。2017年，三星电子以14.6%的市场份额打破了英特尔自1992年以来在全球半导体行业中的霸主地位，成为全球第一的芯片厂商。

Qualcomm 高通

高通公司是一家成立于 1985 年的无线电通信技术研发公司。

高通公司一直致力于通过向客户提供集成了高通公司最新技术的芯片，帮助他们轻松地开发、推出新产品。

旗下的高通 CDMA 技术集团（QCT）是世界上最大的无线半导体生产商和无线芯片组及软件技术供应商。我们日常生活中使用的大多数智能手机和其他商用 3G 终端都使用了 QCT 的技术。1994 年至今，高通公司已经向全球许多制造商提供了累计超过 15 亿枚芯片。

NVIDIA 英伟达

英伟达半导体科技创立于 1993 年，是全球视觉计算技术的行业领袖。

1999 年，英伟达公司发明了图形处理器 GPU，重新定义了计算机图形技术。自那时起，英伟达公司始终屹立在视觉计算领域前沿，不断为行业带来全新技术、树立全新标准。

为了满足快速、持续增长的市场需求，英伟达公司开发了为新一代平板电脑、智能电话、便携式媒体播放器以及车载驾驶员安全、辅助、信息系统设计的 Tegra（图睿） GPU，为消费级台式个人电脑和笔记本电脑设计的 GeForce（精视） GPU，为专业工作站服务的 Quadro GPU 和专门用于超级计算机的 Tesla GPU。

AMD 超威半导体

AMD 创立于 1969 年，专门为计算机、通信和消费电子行业设计和制造各种创新的微处理器（CPU、GPU、APU、主板芯片组、电视卡芯片等)，是业内目前唯一一家能够提供高性能 CPU、高性能独立显卡 GPU、主板芯片组三大组件的半导体公司，目前在 CPU 市场的占有率仅次于 Intel。

SK Hynix 海力士

海力士半导体 1983 年以现代电子产业有限公司成立，1999 年收购 LG 半导体，2004 年转型成为专业的存储器制造商。在韩国有 4 条 8 英寸晶圆生产线和一条 12 英寸晶圆生产线，在美国俄勒冈州有一条 8 英寸晶圆生产线。在 2004 年和 2005 年，海力士半导体的全球动态随机存取存储器市场占有率居第二，在中国市场占有率居第一。

TI（Texas Instruments）德州仪器

德州仪器成立于 1930 年。1954 年进入半导体市场，推出了首款商用硅晶体管。以开发、制造、销售半导体闻名于世，主要从事创新型数字信号处理与模拟电路方面的研究、制造和销售。目前是全球最大的模拟电路技术部件制造商。

Micron 美光

美光创立于 1978 年。自 1981 年建立自有晶圆制造厂以来，美光在半导体产品的生产、销售领域发展迅速，已经成为了全球第三大内存芯片厂商、全球第二大内存颗粒制造商、全球最大的半导体储存及影像产品制造商之一，主要产品包括 DRAM、NAND 闪存、CMOS 图像传感器和其他半导体组件以及存储器模块等，广泛应用于计算机、汽车、工业、医疗等领域。

联发科技

联发科技是成立于 1997 年的台湾无晶圆厂半导体公司，在无线通信和数字多媒体等技术领域取得了较高的成就。它为市场提供的芯片整合系统解决方案，包括了无线通信、高清数字电视、光储存和 DVD 等相关产品。

2016 年 9 月 27 日，联发科技发布了全球首枚 10nm 芯片——联发科 Helio X30。

海思 Hisilicon

海思半导体成立于 2004 年 10 月，前身是创建于 1991 年的华为集成电路设计中心。海思的产品覆盖无线网络、固定网络、数字媒体等领域的芯片及解决方案，成功应用于 100 多个国家和地区。2019 年海思 QI 营收超过 17 亿美元，同比增长 41%。于 2014 年 6 月推出了全球首个 Cat6 芯片——海思麒麟 920。2018 年推出了麒麟 980 芯片。2019 年初推出了鲲鹏 920 服务器芯片。

除了以上十家企业外，占据 2017 年全球半导体市场份额前十席位的博通（Broadcom Corporation）、东芝（Toshiba）、西部数据（Western Digital）、恩智浦半导体（NXP）以及半导体行业中的传统巨头台积电、安华高等企业也引领着半导体行业的发展，同样当得起半导体行业领头企业的称号。

世界芯片产业部分企业营业收入

公司	国别／地区	2016年排名	2017年排名	2017年市场占有率／%	2016年营业收入／亿美元	2017年营业收入／亿美元	2017年同比增长／%
三星 Samsung	韩国	1	2	14.6	401.04	612.15	52.6
英特尔 Intel	美国	2	1	13.8	540.91	577.12	6.7
海力士 SK-Hynix	韩国	3	4	6.3	147.00	263.09	79.0
美光科技 Micron Technolgy	美国	4	6	5.5	129.50	230.62	78.1
高通 Qualcomm	美国	5	3	4.1	154.15	170.63	10.7
博通 Broadcom	美国	6	5	3.7	132.23	154.90	17.1
德州仪器 Texas Instruments	美国	7	7	3.3	119.01	138.06	16.0
东芝 Toshiba	日本	8	8	3.1	99.18	128.13	29.2
西部数据 Western Digital	美国	9	17	2.2	41.70	91.81	120.2
恩智浦半导体 NXP	荷兰	10	9	2.1	93.06	86.51	−7.0

第 **5** 章

杂质掺杂
——热扩散和离子注入

书角茶桌
"核心技术是国之重器"

5.1 集成电路制造中的热处理工艺

5.1.1 IC 芯片制程中的热处理工艺 (Hot Process)

半导体制程中的热处理可分为两类，一类是已成为器件制作基础的**热氧化工艺**，另一种是与氧化采用同一装置中进行的**各种各样的热处理**。后者包括离子注入后的活性化退火、Al 的烧结、涂布膜的烧结坚化等，一般汇总于退火名下。而且这些各类退火技术与其他的工艺相组合，构成工艺集成（复合工艺）的要素。如此，所谓"退火"现象便得以有效利用。

现在，作为热处理装置，广泛使用**炉具** (furnace)。各种炉具，特别是在热氧化工艺中，是不可或缺的传统设备。以往大同小异的炉具就能满足几乎所有工序的需要，但为应对近年来制作工艺低温化、晶圆大直径化等的进展，称为**快速热处理** (Rapid Thermal Process，RTP) 的灯加热方式也作为热处理装置导入生产线。如果这种方式得以普及，将会使热处理技术的全貌发生重大变化。

图 1 表示半导体工艺中的热处理温度范围。若将硅外延生长归于别类，则硅的热氧化作为温度区域是最高的。但是，这些温度区域随器件的进步在逐年下降，现在 300mm 直径 /130nm 特征线宽的生产线中大致在 850 ~ 900℃ 范围。随着集成电路向着微细化进展，要求热处理温度继续下降。

要求晶圆处理温度不断下降的理由，一是应对浅结，二是抑制大直径晶圆因热应变造成缺陷的发生。实际上，不仅是低温化，还要加上由时间要素引发的"热变性"的降低以及对升降温速度的精细控制等，这些都必不可少。也就是说，在工艺过程中，降低时间轴上温度的积分值极为重要。

尽管这些工艺的处理温度各不相同，但如果将硅单晶制造过程中进行的除气 (getterring) 归于别类，则处理温度都是在热氧化膜的形成温度以下（图 2）。换言之，这些退火并不伴随热氧化膜的形成。而且，除去离子注入后的退火，并不引起杂质（B,P等）在硅中的再分布。

（1）芯片制程中的热处理分为哪两种类型？
（2）结合图 1，介绍晶圆制程中各种工艺的温度范围。

图 1　晶圆制程中的温度范围

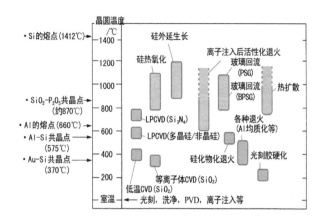

- Si的熔点 (1412℃)
- SiO₂-P₂O₅共晶点 (约870℃)
- Al的熔点 (660℃)
- Al-Si共晶点 (575℃)
- Au-Si共晶点 (370℃)

晶圆温度 /℃

硅外延生长
硅热氧化
离子注入后活性化退火
玻璃回流 (PSG)
玻璃回流 (BPSG)
热扩散
LPCVD (Si₃N₄)
LPCVD (多晶硅/非晶硅)
各种退火 (Al均质化等)
硅化物化退火
光刻胶硬化
等离子体CVD (SiO₂)
低温CVD (SiO₂)
室温
光刻, 洗净, PVD, 离子注入等

图 2　VLSI 制程中的热处理工艺（Hot Process）

工艺		目的	内容	温度范围	目前采用的装置
热氧化		Si、poly-Si等的表面氧化	氧化气氛中的热处理	800~1100℃	加热炉
热扩散		向Si、poly-Si中的杂质扩散（扩散杂质）	III、V族元素或化合物的沉积和热激活扩散	800~1200℃	加热炉
CVD		反应物为气态，利用基板上的化学反应沉积成膜	热分解、还原、氧化、置换、等离子体放电等各种反应均可用于CVD	400~1000℃	反应炉及CVD专用装置
退火	回流	层间绝缘膜平坦化	对PSG、BPSG等加热使其流动化	850~1100℃	加热炉RTP
	缺陷捕集	缺陷控制，电气特性提高	IG(Intrinsic Gettering, 内部捕集)处理——无缺陷表面层形成，用于缺陷吸收的程序化热处理EG (Extrinsic Gettering, 外部捕集)处理——向晶圆导入缺陷的热处理	600~1200℃	加热炉
	损伤去除	去除等离子体损伤等	等工艺后进行热处理，去除损伤，使界面性能提高	~450℃	加热炉
	致密化	绝缘膜的特性稳定化	由热处理实现膜的高密度化	~1000℃ (依用途而异)	加热炉

5.1.2 热氧化膜的形成技术

图 1 和 5.1.1 节图 2 的表中分别表示热氧化膜在器件中的应用和 VLSI 中热处理技术的应用。无论是热扩散还是 CVD（一般采用 LPCVD），都要在炉具中进行。热氧化膜是构成器件的重要组成部分，它左右器件的特性。特别是在 CMOS 中，热氧化膜处于器件的心脏部位。除了扩散掩模、牺牲膜之外的应用，膜层一旦形成之后，它就作为器件的结构而存在，与器件一起完成整个寿期。正因为如此，膜层的膜质、清洁度等都是非常重要的。

上节图 2 表中给出的各种退火技术分别是半导体器件制造中各复合工艺（工艺模块或工艺集成）采用的热处理。一眼看来，这些处理方法各式各样、名目繁多，似乎很难整理。但是，如果仔细看，在"都采用炉具"这一点上是共同的。目的都是在基板的表面或内部以及界面实现物理的、化学的或冶金学的稳定化而进行的工艺。

图 2 表示现在 VLSI 生产线上广泛采用且标准的栅氧化膜制作工艺流程。在 LOCOS 工程完结后，由刻蚀去除活性区域的 Si_3N_4 膜、SiO_2 膜，露出需要进行栅氧化的表面之后，进行表面前处理。前处理通常是准备 RCA 洗净的方法，对于最尖端的器件来说，药液的浓度要做相当大的稀释。硅圆片经 HF 处理去除自然氧化膜之后，用超净水冲洗，干燥，经由装料－卸料室（N_2 气氛），装在处理炉中。现在采用的工艺一般炉温为 800～850℃，氧化剂采用干 O_2。

图 2 表示现在采用的栅氧化膜形成方法。氧化不仅可以采用干 O_2，湿的环境气氛也可采用。后者是利用 H_2-O_2 混合气体点火，使之生成水，作为氧化剂来使用。为了实现 SiO_2 的清洁化，也有在 O_2 中混合 HCl 及 TCE 的方法。

本节重点

（1）VLSI 制程中的热处理包括哪些具体内容？
（2）什么是快速热处理（RTP）？RTP 在芯片制造中有何重要意义？
（3）了解常用杂质在硅中的扩散系数，写出扩散系数的单位。

图 1　热氧化膜在半导体器件中的应用

硅表面	—MOS，CMOS栅绝缘膜	（约10nm）
	—闪存的沟道氧化膜	（约10nm）
	—隔离及场氧化膜	（约500nm）
	—电容	（约10nm）
	—扩散掩模	—
	—牺牲氧化膜	—
	其他	
多晶硅表面	—多晶硅间的绝缘	—
	—电容	（约10nm）
	其他	

（　）：膜层范围

图 2　标准的栅氧化膜形成工艺流程

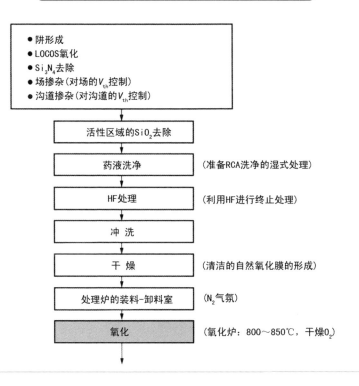

- 阱形成
- LOCOS氧化
- Si_3N_4去除
- 场掺杂（对场的V_{th}控制）
- 沟道掺杂（对沟道的V_{th}控制）

活性区域的SiO_2去除

药液洗净　　（准备RCA洗净的湿式处理）

HF处理　　（利用HF进行终止处理）

冲　洗

干　燥　　（清洁的自然氧化膜的形成）

处理炉的装料-卸料室　　（N_2气氛）

氧化　　（氧化炉：800～850℃，干燥O_2）

5.1.3　至关重要的栅绝缘膜

栅绝缘膜是 MOS 三极管的心脏部位，若从 MOS 三极管工作原理上看，栅绝缘膜相当于水闸部分（参照 1.1.3 节）。通过该水闸的开或者闭控制从源到漏的电流。正因为如此，制造栅绝缘膜在半导体制造工艺中是需要严加注意的工序。

栅绝缘膜的课题是，随着器件的世代交替，必须不断对应其向薄膜化（按比例减薄）方向发展。按器件的比例定律（scaling law），如果三极管的图形（pattern）尺寸减小为 $1/k$，则栅绝缘膜的厚度也减薄为 $1/k$。

例如，在 1970 年出现的 1kbit DRAM（Intel 公司）中，采用的是 $10 \sim 12\mu m$ 的栅长（L），此时的栅氧化膜厚度为 1200Å（120nm）。当时看来现在的膜厚水平可望而不可即。而且今后会继续向薄膜化方向发展。现在的栅绝缘膜厚度已达几个纳米以下，故称其为极薄氧化膜或超薄氧化膜等。

栅氧化膜是由 Si 基板直接氧化获得的，方法如 4.4.2 节图 1 所示。栅极相当于 CMOS 器件的心脏部位，其 $Si-SiO_2$ 界面的稳定性对于器件的性能、可靠性乃至良率等有重大影响。如何实现 $Si-SiO_2$ 界面的稳定化，在 MOS 器件的开发历史上留下了浓墨重彩。

栅氧化膜是硅氧化膜。尽管其他种类的绝缘膜将来也有可能使用，但目前应用最多的是 SiO_2。下表给出栅氧化膜的发展经历。1997 年还是 $4 \sim 5nm$ 的 SiO_2 膜，到 2003 年小于 3nm，2006 年小于 $1.5 \sim 2.0nm$，今天更是达到 $0.5 \sim 0.6nm$，甚至比自然氧化膜还要薄。这样薄的膜层当然用炉子热氧化难以奏效，需要采用沉积等方法。

有观点认为硅氧化膜的物理极限是 5nm，但实际上早已突破了这一所谓的物理极限。下图汇总了在栅绝缘膜（氧化膜）的超薄膜化的趋势中出现的问题及对策。

本节重点

（1）硅热氧化膜是如何形成的？
（2）说出硅热氧化膜在半导体器件中的应用。
（3）用公式表述硅热氧化膜的生长规律，并加以解释。

栅氧化膜的发展经历

	1999	2000	2001	2002	2003	2004	2005	2008	2011	2014
最小加工尺寸/nm	180	165	150	130	120	110	100	70	50	35
DRAM密度/(兆比特/芯片)	1	→	→	4	→	→	16	64	256	1024
栅氧化膜厚度(T_{ox})/nm	1.9~ 2.5		1.5~ 1.9	→		1.2~ 1.5	1.0~ 1.5	0.8~ 1.2	0.6~ 0.8	0.5~ 0.6
膜厚可控性(3σ)/%	<±4	→	→	→	→	→	→	→	→	→
沟道氧化膜厚度/nm	8~10	→	8.5~ 9.5	→	→	8~9		7.5~ 8.5	2~8	2~7

栅氧化膜易发生的问题及其对策

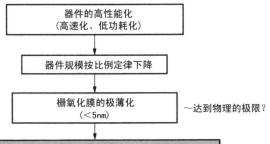

器件的高性能化
（高速化、低功耗化）

↓

器件规模按比例定律下降

↓

栅氧化膜的极薄化
（<5nm）　　　　　～达到物理的极限？

↓

易发生的问题

- Si-SiO$_2$界面的问题：应力，过渡区域的结构
  膨胀系数(Si, SiO$_2$)
- 氧化膜的泄漏增大，耐压低下(TDDB)
- 自然氧化膜的影响及其控制
- 栅极中的掺杂剂(B)向栅氧化膜的穿透
- 表面的微观粗糙度
- 基于以上原因造成的可靠性下降

↓

栅氧化膜的强化

- 由氮的导入实现氧化膜的强化（氮氧化膜）
- 对前处理、洗净的再探讨（自然氧化膜，粗糙度等）
- 具有与氧化硅相当厚度的high-k膜的应用(Al$_2$O$_3$,
  Ta$_2$O$_5$HfO$_2$, ZrO$_2$等)

5.2 用于杂质掺杂的热扩散工艺

5.2.1 LSI 制作中杂质导入的目的

杂质导入是为了在半导体基板内形成 pn 结所必不可少的技术，但是杂质（impurity）这个词往往给人以负面印象。英语中 "impurity doping" 也是负面的。但这里讨论的杂质并非尘埃及沾污，而是相对于Ⅳ价的 Si 导入Ⅲ价或Ⅴ价的元素，现在杂质导入以离子注入法为主流。

向硅基板进行杂质导入所用的Ⅲ价元素是硼（B），Ⅴ价元素是砷（As）和磷（P）。这些杂质一旦导入具有相反电导型的基板中，就可以形成 pn 结。Si 中导入Ⅲ价元素成为 p 型，导入Ⅴ价元素成为 n 型。这些杂质元素通过**热扩散法**或**离子注入法**导入硅中。

热扩散法是使杂质原子在热激活状态下向硅中扩散，这种扩散现象是由高浓度侧向低浓度侧的物质迁移。

离子注入法是使离子化的各元素在高加速电压下碰撞 Si 基板，使其物理式地侵入 Si 中。在此过程中，由于离子通过部分的硅单晶受到破坏，因此离子注入后需要退火进行回复。退火温度高的情况，在结晶性回复的同时，元素进入硅单晶的晶格中，在被活性化的同时伴随有热扩散的效果，并最终决定了杂质浓度分布。

现在的杂质导入之所以由古典的热扩散法转变为以"离子注入＋退火法"为技术中心，除了后者控制性好以及属于低温过程外，对导入的杂质原子数量还可以计数。

杂质导入不仅仅是用于 pn 结的形成，表中汇总了杂质导入的目的。除了在双极结型及 CMOS 器件中用于三极管 pn 结的形成外，电阻（扩散的情况称为扩散电阻）的形成也需要杂质导入。

本节重点

（1）芯片制造中导入杂质的目的有哪些？
（2）硅晶圆中导入的杂质有哪些元素？
（3）由本征半导体 Si 如何实现 p 型和 n 型半导体？

LSI 制作中杂质导入的目的

pn结形成	双极结型LSI	隔离区形成 集电极埋置区形成 基极区形成 发射极区形成
	CMOS LSI	阱形成 源-漏形成
电阻的形成	硅 多晶硅	由pn结形成电阻 由杂质控制对电阻值进行控制
杂质浓度控制	沟道栅（场掺杂） 反转层形成的防止 双极结型三极管的特性提高（反转层的防止） 沟道掺杂（阈值电压——V_{th}控制）	
导电性的提高	向多晶硅中的杂质导入（栅，布线，电容电极）	
分离层的形成	SIMOX中氧的深层注入	
晶圆分离（裂片）	利用氢离子的注入实现晶圆分离	
杂质捕集	利用氩离子的注入在晶圆背面导入损伤层	

单晶硅中杂质掺杂示意图

①掺杂n型杂质磷（P）的情况

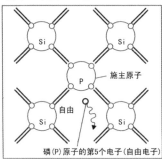

掺杂施主时原子的排列

②掺杂p型杂质硼（B）的情况

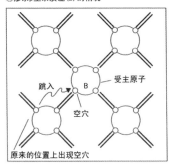

掺杂受主时原子的排列

5.2.2 杂质掺杂中离子注入法与热扩散法的比较

最早开始于由硅中形成 pn 结制作双极扩散结型三极管，可以说是现在 VLSI 的原点，但直到 20 世纪 80 年代初，还都广泛采用热扩散法进行杂质导入。

热扩散是靠实践、经验、分析检测等积累所支撑的重要技术，其中也培养出许多扩散技术专家。热扩散看似简单实则很难，特别是表面浓度和深度的控制，而且同时要进行浓度分布的控制等，这些都需要很高的技术。例如 CMOS 中阱的形成，双极结型三极管中向基极的扩散等可以说是控制起来十分困难的过程。因此从 20 世纪 80 年代中期开始，离子注入法占据主导地位，从下表给出的热扩散法与离子注入法的比较大概可以看出其中的理由。

离子注入法的优点是，由于属于低温工艺，注入量（掺杂量即注量）可以监控，而且以光刻胶作为掩模可进行选择性的杂质导入，同时硅基板内的任意深度上，任意量的杂质均可导入。

从另一方面讲，扩散属于热激活现象，不能做到像离子注入那样精准。但前者可以采用已有的炉子，采用批量式进行处理，经济性好，装置也比较便宜。与之相对，离子注入装置价格很贵，设计、制造、使用都需要高深的物理工学基础。而且离子注入装置厂商与半导体器件制作厂间还存在知识产权共享问题。

采用**热扩散法**，可将 III 价或 V 价的杂质元素通过加热的方法导入硅中。这种物质的迁移是由高浓度的杂质向着低浓度的基板引起，由浓度差、温度、扩散系数决定迁移的方式。称此为**扩散现象**。

首先，考虑一维扩散，设扩散通量为 J，扩散系数为 D，浓度为 N，扩散流方向的坐标为 x，则有

$$J = - D (\partial N / \partial x) \tag{5-1}$$

该式为 Fick **第一定律**。进一步，当扩散系数 D 与浓度 N 无关时，浓度随时间变化的表达式为

$$\partial N/\partial t = D (\partial^2 N / \partial x^2) \tag{5-2}$$

该式为 Fick **第二定律**。

本节重点
(1) 常用的杂质掺杂方法有哪两种？各有什么优缺点？
(2) 写出描述扩散规律的 Fick 第一和第二定律。

杂质掺杂中离子注入法与热扩散法的比较

热扩散	・经典的杂质导入法 ・物理+化学的方法(置换反应，氧化还原反应) ・属于热(温度)激活过程，但扩散的驱动力是化学位梯度 ・扩散源采用元素或化合物 ・基本上采用批处理方式 ・较难对导入的杂质量进行定量控制 ・以SiO_2作为掩模进行选择性杂质导入 ・尽管扩散与衬底的晶体学取向相关，但基本上扩散杂质的分布指向性较小 ・不会发生沟道效应，但扩散效果与衬底原始存在的晶体缺陷相关 ・装置价格相对便宜，操作也很容易 ・由于采用批量处理方式，处理吞吐量大
离子注入	・相对较新的杂质导入法(在概念上有别于扩散法) ・物理的方法(包括加速离子的注入、再结晶化、杂质的活性化等) ・低温过程 ・采用被放出的单质元素的离子(也有采用BF_2等离子的情况) ・利用离子束的扫描进行注入 ・导入的杂质量按离子电流的时间积分值来计算 ・以SiO_2、光刻胶等做掩模进行离子注入 ・杂质的导入中指向性很强，伴随阴影等效果的发生 ・存在沟道效应(与衬底的晶体学取向相关) ・装置昂贵，操作需要专门知识 ・由于采用的是扫描方式，因此处理吞吐量与晶圆尺寸相关

5.2.3 求解热扩散杂质的浓度分布

作为实用中最常见的边界条件，有保持表面的杂质浓度不变，即杂质的量近似按无限多（**无限源**）考虑的情况，以及杂质的量为一定，即杂质的量按有限（**有限源**）考虑的情况，下图表示两者的比较，图（a）为前者，图（b）为后者。

在表面的杂质浓度为不变（无限量）（N_0），即无限源的情况，得到的扩散方程的解为

$$N(x,t) = N_0 \ \text{erfc}(x/2\sqrt{Dt}) \tag{5-3}$$

式中：erfc 是**余误差函数**。在实际的计算中，是按给定的 D、t、x、N_0 等所作出的数表来求解。

在杂质量为有限（有限量），即有限源的情况，设杂质量为 Q，得到的扩散方程的解为

$$N(x,t) = Q/(\sqrt{\pi Dt}) = \exp(-x^2/4\sqrt{Dt}) \tag{5-4}$$

上式表明，扩散后的杂质从表面向着内部呈高斯分布状态。这便是图（b）的情况。

随着时间的推移，杂质分布的状态发生变化而呈现几个不同的模式，根据这些模式，便可求出扩散深度、表面浓度、浓度分布等与扩散相关的值。

图（c）表示 pn 结形成的模式。N_b 是基板（与导入的杂质具有相反电导型的杂质）的杂质浓度。假如双方的杂质浓度达到相同，即二者相差 $N=0$，得到

$$N_b = N_0 \ \text{erfc}(x/2\sqrt{Dt}) \tag{5-5}$$

因此，设 pn 结的位置为 x_j，则

$$x_j = 2\sqrt{Dt} \ \text{erfc}^{-1}(N_b/N_0) \tag{5-6}$$

x_j 也是扩散层的深度。

以上即热扩散的模式。由扩散导入的Ⅲ族或Ⅴ族的元素进入晶格格点或格点间位置，各自显示 p 型、n 型特性。

本节重点
(1) 什么是扩散方程的无限源和有限源边界条件？
(2) 针对这两种边界条件写出扩散方程的解。
(3) 如何由 pn 结的形成模式图（c）确定 pn 结的位置？

热扩散杂质的浓度分布

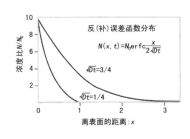

反(补)误差函数分布

$$N(x, t) = N_0 \mathrm{erfc} \frac{x}{2\sqrt{Dt}}$$

$\sqrt{Dt} = 3/4$

$\sqrt{Dt} = 1/4$

浓度比N/N_0

离表面的距离:x

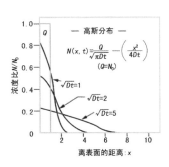

—— 高斯分布 ——

$$N(x, t) = \frac{Q}{\sqrt{\pi Dt}} - \left(\frac{x^2}{4Dt}\right)$$

$(Q = N_0)$

$\sqrt{Dt} = 1$

$\sqrt{Dt} = 2$

$\sqrt{Dt} = 5$

浓度比N/N_0

离表面的距离:x

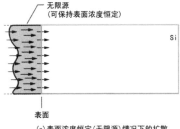

无限源
(可保持表面浓度恒定)

Si

表面

(a)表面浓度恒定(无限源)情况下的扩散

有限(一定量)源
(表面浓度随Q量减少而降低)

Si

表面

(b)表面浓度非恒定(有限源)情况下的扩散

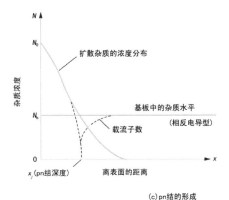

N_0

扩散杂质的浓度分布

基板中的杂质水平

(相反电导型)

N_b

载流子数

杂质浓度

x_j(pn结深度)

离表面的距离

(c)pn结的形成

N:浓度
D:扩散系数
x:离表面的距离
Q:杂质量

(b)的情况

5.2.4　热处理的目的——推进，平坦化，电气活性化

在 IC 芯片制程中，将硅圆片在氮气及氩气等不活性气体中进行高温处理称为"热处理"。也有些情况下，在这些气体中加入微量的氧气。通常，在热处理中采用称作热处理炉的扩散炉。

热处理的目的依所使用的工序不同而异，但其中最重要的目的是，将硅中添加的导电型杂质，利用所谓扩散现象，向硅中推进，获得必要的剖面（轮廓），实现再分布。这种情况的热处理称为"推进"。

杂质元素在硅中分别有各自的扩散系数，扩散层的剖面（轮廓）可由热处理的时间和温度来控制（图 1）。

热处理的另一个目的，是通过使添加磷和硼的软化点较低的硅酸盐玻璃在高温下变为液态，使之流动，用于回流平坦化工艺。这种工艺一般用于金属布线前器件表面的平坦化。近年来，由于大马士革布线工艺的采用，玻璃回流平坦化工艺已较少使用。

另外，离子注入的杂质在不经处理的情况下是电气非活性的，需要活性化处理。这种活性化处理必须由热处理来完成。

再者，"氢退火"，它是在氢气或氢气与氮气的混合气体中进行的热处理，对于硅与氧化膜界面的电气性能的稳定化是非常有效的。

在热处理中，除了采用扩散炉的方法之外，还有采用 RTP（Rapid Thermal Process）及 RTA（Rapid Thermal Anneal），采用红外线灯的热处理方法，有时简称其为灯退火（图 2）。

与扩散炉方法相比，采用灯退火方式可以大大减少硅圆片的升温、降温时间，特别适合短时间的热处理。

本节重点
（1）IC 芯片制程中，热处理的目的有哪些？
（2）离子注入之后为什么要进行活性化处理？
（3）什么是 RTP、RTA？其用于硅圆片热处理有何优点？

图 1　快速退火 (RTA) 装置实例

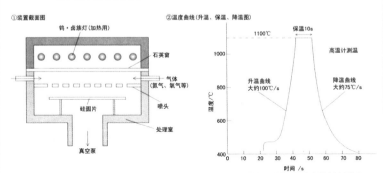

①装置截面图

钨·卤族灯(加热用)

石英窗

气体
(氮气、氧气等)

硅圆片

喷头

处理室

真空泵

②温度曲线(升温、保温、降温图)

保温10s

1100℃

高温计测温

升温曲线
大约100℃/s

降温曲线
大约75℃/s

RTA主要为了抑制因长时间热处理扩散导致的杂质分布发生变化等而使用。作为离子注入后杂质在短时间内活性化的方法等十分有效。

图 2　几种杂质在硅中的扩散系数

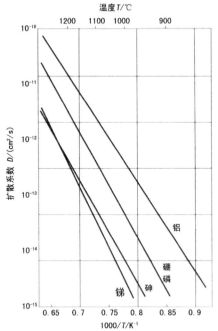

温度T/℃

铝

硼

磷

锑

砷

砷

1000/T/K⁻¹

所谓杂质扩散，是指由杂质的局域状态，向能量更稳定的均匀化状态的迁移(变化)过程，由"扩散系数"表征这种迁移过程的难易程度。

5.2.5 硅中杂质元素的行为

作为与上述热扩散相关的重要的物性参数，是各元素在硅中的固溶度和扩散系数。二者与温度的相关性示于下图。而且这些数据还提供了热扩散过程以外的许多信息。例如，Na、Li 等碱金属及 Cu、Au、Fe 等元素的扩散系数就相当大。

在硅圆片全面及特定的区域，人为地添加特定的杂质被称为"杂质扩散"。在杂质扩散中，除了要控制导电类型（p 型，n 型）之外，对杂质浓度及浓度分布（剖面）的控制也必不可少。

关于杂质的导入方式，做大的区分有"热扩散法"和"离子注入法"。下面讨论热扩散法。

作为扩散源有气体源及固体源；作为扩散法有闭管法和开管法；典型的 p 型杂质是硼，n 型杂质是磷、砷、锑。

热扩散需要在扩散炉中进行，将硅圆片装入被加热器加热的高温炉芯管中，使杂质气体在管中流动。添加杂质的浓度及浓度分布（剖面）由温度、时间、气体流量来控制。下面，简单地介绍通过杂质的添加，形成不同导电类型区域的机制。

例如，添加磷（最外层有 5 个电子）的情况，磷原子进入硅的晶格中会多余 1 个电子（负电荷），它会以自由电子的形式在晶格内运动（5.2.1 节图 1）。

另外，若硼（最外层有 3 个电子）置换硅晶格中的 1 个原子，由于缺少 1 个电子，会形成空穴（hole），其周围的电子回飞入该空穴。结果，飞入电子的原来的位置又留下空穴……这样，晶体中的空穴（正电荷）便会依次移动。

以上仅是定性的说明。如果考虑能带理论，V 族元素在硅禁带内具有靠近导带附近的能量，因此作为施主（donor）杂质，可容易地将自由电子传递给导带；Ⅲ 族元素在硅禁带内具有靠近价带附近的能量，可容易地从硅价带中接受价电子，因此作为受主（acceptor）杂质，容易从硅价带中拔脱电子产生空穴。

要想进一步了解半导体原理，需要精通能带理论，请读者参考专门著作。

本节重点
(1) 了解常用杂质元素的固溶度、扩散系数随温度的变化规律。
(2) 解释掺杂半导体中电子产生的原因及电子导电机制。
(3) 解释掺杂半导体中空穴产生的原因及空穴导电机制。

硅中杂质元素的行为

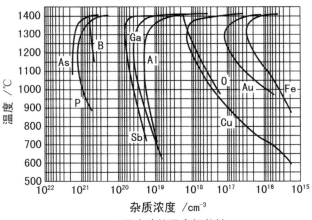

(a) 固溶液的温度相关性

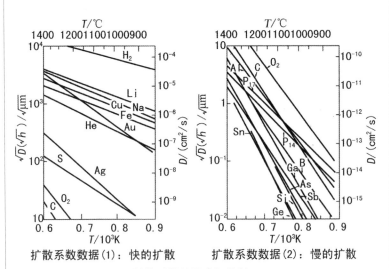

扩散系数数据(1):快的扩散　　扩散系数数据(2):慢的扩散

(b) 扩散系数的温度相关性

5.3 精准的杂质掺杂技术（1）
——离子注入的原理
5.3.1 离子注入原理

在离子碰撞固体表面的时候会引发各种现象，在固体表面发生的现象包括入射离子的反射、中性粒子的放出、二次正离子的放出、二次负离子的放出、气体的分解及放出、光辐射、被溅射粒子的返回等，而发射的离子也在这个过程中成功注入。图1表示离子注入的原理及相关现象。

多晶 Si 中注入不同能量的离子，在剂量相同的情况下，离子沿深度方向分布首先上升达到最大值后迅速下降，入射离子的能量越高，最大离子浓度的深度越大。而随着注入的离子能量升高，最大注入离子浓度有所下降，同时注入离子浓度分布更加分散，达到最大浓度前后的函数图形大致对称。

单晶硅中注入不同能量的离子，在剂量相同的情况下，入射离子同样沿深度分布浓度先增大，后迅速减小，入射离子能量越高，则所能达到的最大深度越大，并且达到最大浓度的对应深度也越大。在浓度上升的过程随着深度变化较慢，而浓度下降的过程随着深度变化则较快，因而达到最大浓度前后的函数图形并不对称。随着注入的离子能量不同，浓度越大，在不同深度方向浓度的分布更加分散，最大浓度的数值也随之减少。

刚刚注入后，原子状态较为散乱，各个原子并不能位于自己的晶格位置。而经过退火后，无论是注入的离子还是原有的 Si 原子，都返回到晶格位置，并实现电气活性化。

（1）说明荷能粒子碰撞固体表面所引发的各种现象。
（2）离子注入后为什么要退火？退火温度和时间如何掌握？
（3）什么是离子注入的沟道效应？如何回避沟道效应的发生？

离子注入的原理

(a) 离子碰撞固体表面时所引发的各种现象

(b) 多晶 Si 中注入不同能量的 As$^+$, 剂量均为 $1×10^{16}/cm^2$ 情况下, 浓度沿深度方向的分布

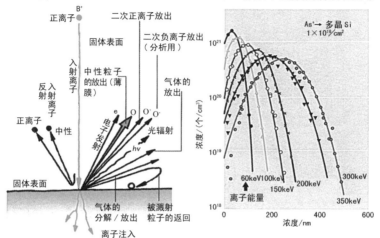

(c) Si 单晶中注入不同能量的 B$^+$ 剂量均为 $1×10^{15}/cm^2$ 情况下, 浓度沿深度方向的分布

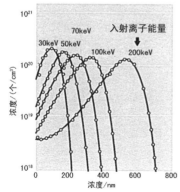

(d)(1) 刚注入后的原子状态,
(2) 退火后的原子状态

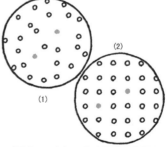

经过退火（见 (1)），无论是注入的原子（●）还是原有的 Si 原子（○），都返回到晶格位置并实现电气活性化

5.3.2 离子注入装置

离子注入和热扩散使用相同的气体。

图1为离子注入装置的原理图。气体从左下方的离子源中导入，使用硼离子 B^+。在装置中，加速的电子碰撞混入杂质的物质使其分解，同时，B原子也由于受到电子的碰撞，而失去1个电子，形成硼离子 B^+。硼离子 B^+ 打入质量分离电磁铁形成的磁场中，这样一来，硼离子就会沿如图1所示的正常轨道运动。

在磁场中，比 B^+ 重的离子会沿 a 轨道运动，较轻的离子则像 b 轨道一样急速转弯，偏离正常的轨道。只有高纯度的 B^+ 才能持续地沿正确的轨道运动。磁场中的电极还会产生微量的重金属离子（不锈钢材质的电极会产生 Fe、Ni 等离子），这些离子不会被加速很多。有一种污染消除器装置，它有两个极板，之间加上电压就可以将这些粒子去除（这些杂质粒子的运动轨道如图1中的 c 轨道）。这样就可以得到高纯度的 B 离子流。加速管由八个相同的特殊电极组成，可以将离子加速到指定的速度，也就是说，使离子具有一定能量。能量的大小决定了沿基片深度方向的浓度分布。

图2是用来制作大基板用的离子注入装置的示例，原理上与图1相同。离子束拥有较宽的幅度，将基板垂直放置就可以进行全面的扫描。

本节重点
(1) 离子注入浓度分布曲线随注入能量不同会发生什么变化？
(2) 介绍离子注入装置。
(3) 如何实现大面积基板的离子注入？

图1 离子注入装置的原理图

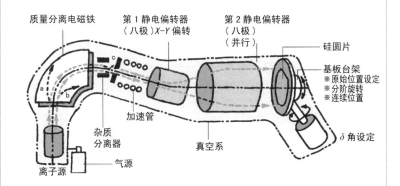

质量分离电磁铁

第1静电偏转器
（八极）X-Y偏转

第2静电偏转器
（八极）
（并行）

硅圆片

基板台架
※原始位置设定
※分阶旋转
※连续位置

加速管

杂质
分离器

真空系

δ角设定

离子源

气源

图2 大基板用离子注入装置

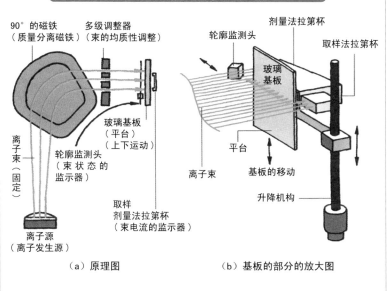

90°的磁铁
（质量分离磁铁）

多级调整器
（束的均质性调整）

轮廓监测头

玻璃
基板

剂量法拉第杯

取样法拉第杯

玻璃基板
（平台）
（上下运动）

离子束
（固定）

轮廓监测头
（束状态的
监示器）

取样
剂量法拉第杯
（束电流的监示器）

离子源
（离子发生源）

平台

基板的移动

离子束

升降机构

（a）原理图

（b）基板的部分的放大图

5.3.3 低能离子注入和高速退火

大型、高价的离子注入装置对于制作超高密度、超微细的三极管是不可或缺的装置。这不仅是制作超微细的三极管，使三极管的性能均一化，提高 IC 的合格率所必需的，也是目前的研究热点以及未来的发展方向。

为了实现 IC 的高密度化，比如，对于三极管的制作来说，需要越来越浅的注入深度。注入深度达到 100nm 就已经太深了。据预测，在不久的将来，注入深度会达到 10nm 左右。其中一个方法是降低注入离子的能量（图 1）。离子束中的离子带有相同的电荷，它们相互排斥。但是如果注入能量较低，就不能忽视离子之间的排斥力。因此，就需要研究重离子的注入，比如使用 $B_{10}H_{14}$ 形成 B_{10}^+ 以代替 B^+。将 B_{10}^+ 加速，平均每个 B 得到的能量就会减少到 1/10。这样一来，注入深度也就会变浅。

离子注入晶体之后会使得原子的排列混乱。随着基片温度的长时间的上升，注入的原子会向基片内部扩散，这时，浅注入就失去了意义。因此开发出了图 2 所示的高速退火装置，这个装置可以以秒为单位进行温度的上下调节。用激光对基片进行瞬间加热以实现浅扩散的研究也在进行中。

本节重点
（1）为什么要采用低能离子注入？
（2）低能离子注入会出现什么问题？
（3）什么是重离子注入？请举例说明。

图 1　低能离子注入和高速退火

6kV 改用 0.5kV 的离子注入的 B 按深度的分布

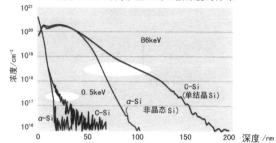

图 2　高速退火装置

（a）高速退火装置原理图

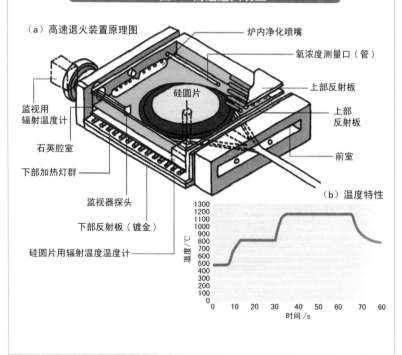

- 炉内净化喷嘴
- 氧浓度测量口（管）
- 上部反射板
- 上部反射板
- 前室

- 监视用辐射温度计
- 石英腔室
- 下部加热灯群
- 监视器探头
- 下部反射板（镀金）
- 硅圆片用辐射温度温度计
- 硅圆片

（b）温度特性

5.3.4 离子注入的浓度分布

离子注入是使被加速到高能量的离子碰撞硅基板，并将离子打入（或注入）其中的方法。该方法取决于入射能量（加速电压）、离子种类、基板状态等，注入的离子达到一定的深度，而且在离子通过的路径上会伴随晶体缺陷发生。注入离子在硅单晶晶格中前进的同时，在晶格内发生反复碰撞，最终停止运动。

离子在最终停止前的行程（R）的投影距离（R_p，射程）相对于各个离子有一定分布，因此一般取平均值（$\overline{R_p}$）加以讨论。设总注入量（注量）为 Q，注入离子在深度方向的浓度分布近似为高斯分布，并由下式表示：

$$N(x) = \frac{Q}{2\sqrt{\pi}\ \Delta \overline{R_p}} \exp\left[-\frac{(x - \overline{R_p})^2}{2\Delta \overline{R_p}^2}\right]$$

(5-7)

式中：ΔR_p 为标准偏差值。

下图表示离子注入的原理，实际应用最关注的是注入离子的浓度分布及对浓度分布的有效控制。

图 (a) 表示注入离子浓度的高斯分布曲线，N_{max} 为峰值浓度。

图 (b) 表示离子注入所特有的现象——沟道效应。所谓沟道，直观地看，是指晶格中不存在原子的管形区域。若离子以很小角度射入其中，则不会与晶格发生碰撞，从而会直线飞行相当长的距离，称这种现象为沟道效应。为了回避沟道效应的发生，需采用倾斜于沟道的入射或者略微偏离晶轴方向的入射等。

图 (c) 表示离子注入后，经由不同温度退火，其浓度分布的变化。如图所示，对于注入 B^+ 的情况，注入后经 700℃、10min 退火，显示出如图 (c) 所示近乎平坦的分布。

另外，如图 (d) 所示，对于退火温度低、注量大的情况，注入离子的活性化率，即作为载流子的寄予率不能达到100%。而且，载流子迁移率（mobility）也低。若退火温度达到 800℃ 以上（这已有别于传统意义上的退火），就变成加入热扩散因素的杂质浓度分布。

结晶性回复退火通常在 550～800℃ 范围内进行，以实际应用的注量注入时，800℃ 下的退火即可达到 100% 的活性化。但是，应技术发展要求，今后如何采用低温化处理，正成为大家关注的问题。

本节重点

（1）写出注入离子在深度方向的浓度分布表达式。
（2）什么是离子注入中的沟道效应？如何回避沟道效应发生？
（3）如何提高注入离子的活性化率和载流子迁移率？

离子注入中离子的浓度分布及其控制

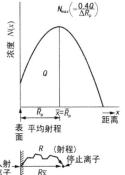

$$N_{max}\left(\approx\frac{0.4Q}{\Delta \bar{R}_p}\right)$$

浓度 $N(x)$

Q

表面 平均射程

$\bar{R}_p$ $\bar{x}=\bar{R}_p$

距离 x

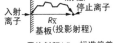

入射离子

R （射程）

停止离子

$R\bar{x}$

基板（投影射程）

R_p：平均射程 ΔR_p：标准偏差
N_{max}：注入的峰值 Q：全注入量

$$N(x)=\frac{Q}{2\sqrt{\pi}\,\Delta \bar{R}_p}\exp\left\{-\frac{(x-\bar{R}_p)^2}{2\Delta \bar{R}_p{}^2}\right\}$$

(a) 离子注入的高斯分布近似

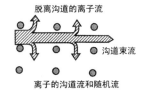

脱离沟道的离子流

沟道束流

离子的沟道流和随机流

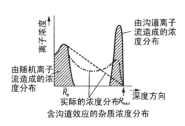

离子浓度

由沟道离子流造成的浓度分布

由随机离子流造成的浓度分布

$\bar{R}_p$

实际的浓度分布 R_{max}

深度方向

含沟道效应的杂质浓度分布

(b) 离子注入中的沟道效应

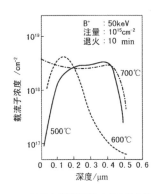

B^+ : 50keV
注量 : 10^{15}cm^{-2}
退火 : 10 min

载流子浓度 /cm^{-2}

700℃

500℃ 600℃

深度/μm

(c) 退火后载流子浓度分布的实例

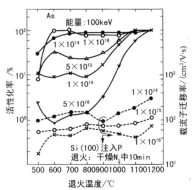

As 能量:100keV

1×10^{14} 1×10^{16}

5×10^{15}

1×10^{16}

5×10^{16}

1×10^{14}

1×10^{15}

1×10^{16}

Si (100) 注入P
退火：干燥N$_2$中10min

活性化率 /%

载流子迁移率 /(cm^2/V·s)

退火温度/℃

(d) 退火温度、注量、活性化率间的关系

5.4 精准的杂质掺杂技术（2）
——离子注入的应用
5.4.1 标准的 MOS 三极管中离子注入的部位

在 IC 芯片制造中，n、p 导电型杂质的添加及扩散层的形成都广泛利用离子注入法。

之所以采用离子注入，是因为由离子注入就能对杂质浓度进行正确控制。也就是说，使形成浅扩散层（pn 结）成为可能，在横向宽度整齐、精细控制的前提下，也能形成深的扩散层。而且，还有以光刻胶作为掩模，就能选择性地进行杂质掺杂等优点。

要进行离子注入，离不开离子注入机。离子注入机分为低加速型、中加速型和高加速型两大类。

通常，低、中加速型在几十 keV 以下，用于浅扩散层制造。与之相对，高加速型从数百 keV 到 MeV 级，用于深扩散层制造。

采用离子注入机时，首先将需要掺杂的导电型杂质，即 n 型杂质的含磷及砷、p 型杂质的含硼气体导入电弧室内，通过放电使之离子化。离子被电场加速后，通过磁体质量分析器，选择出需要的离子种类和电荷种类（正负及价位）。选好的离子进一步被加速由硅圆片的表面注入（图 1）。

由于离子以束的形式照射，为了实现对硅圆片的全面注入，需要进行离子束扫描及硅圆片移动。

另外，在离子注入过程中，离子会使硅圆片表面带电，存在引起静电破坏的危险，需要采取措施应对。通常是在硅圆片的正前方设置电子喷淋（使雾状电子覆盖硅圆片表面），使离子中性化之后再到达硅圆片表面（图 2）。

注入的杂质若原封不动则为电气非活性的，而且注入时会造成硅晶体的物理损伤，因此，为了离子注入后的活性化以及损伤的恢复，必须进行热处理。

本节重点
(1) 指出标准的 MOS 三极管中离子注入的部位。
(2) 这些离子注入掺杂哪些属于重掺杂、哪些属于轻掺杂？
(3) 这些离子注入掺杂位置是如何保证的？

图 1　在标准的 MOS 三极管结构中由离子注入进行杂质掺杂的实例

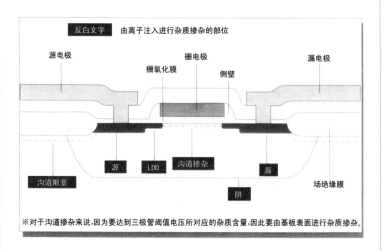

※对于沟道掺杂来说,因为要达到三极管阈值电压所对应的杂质含量,因此要由基板表面进行杂质掺杂。

图 2　MOS LSI 中不同部位的离子注入参数

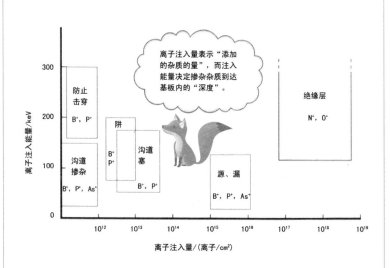

-233-

5.4.2 基本的阱构造及倒梯度阱构造

阱的形成是由离子注入和热扩散法来实现的，由于杂质的浓度分布特别是表面浓度的控制决定了 MOS 三极管的阈值电压，因此十分重要。在阱外的基板上直接形成的三极管的阈值由基板的浓度决定，因此若与阱内比较，控制比较容易。尤其是对于 CMOS 工艺来说，由于利用的是沟道掺杂，阈值能够自由地控制，现在已不存在大的问题。

CMOS 阱结构存在的问题是，在用通常的离子注入法形成时，退火会造成横方向的扩展，必须与相邻元件保持一定的距离，以及在相邻位置会有称为闩锁（latch-up）的寄生双极结型三极管的形成。

为了解决与高密度化相矛盾的这种现象，人们采取了各种各样的方法。从工艺上讲，有：

（1）采用高浓度基板，活性区采用外延层；

（2）采用 STI（Shallow Trench Isolation，浅沟槽隔离），进行元件间的绝缘隔离；

（3）采用倒梯度阱（retrograde well）阱（图（b））方式等。

特别是倒梯度阱，由于使其内部形成高浓度层，从而抑制寄生效应的发生，为此要采用 MeV 量级的离子注入设备。采用这种方式还有其他优点，如可以抑制横方向的扩展，退火也可以在短时间内终结等。

在浓度分布曲线上，由于内部有浓度的峰，因此称为**倒梯度**（retrograde）或**倒梯度离子注入**等。这种倒梯度阱结构具有下述优点：

（1）可防止闭锁（latch-up）；

（2）可防止击穿（punch through）；

（3）可提升场氧化膜正下方的阈值电压（场掺杂）；

（4）可抑制横方向扩展——使高密度布局（lay out）成为可能；

（5）工艺简约化、工期缩短，热变性降低。

（1）CMOS 阱结构是如何实现隔离的？

（2）什么是倒梯度离子注入（倒梯度阱）？如何实现？

（3）倒梯度离子注入（倒梯度阱）有哪些优点？

通常阱形成与倒梯度阱形成的比较实例

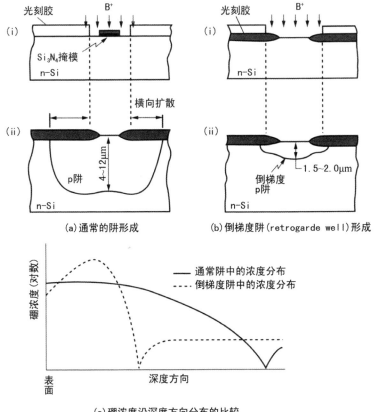

(a) 通常的阱形成　　　(b) 倒梯度阱 (retrogarde well) 形成

(c) 硼浓度沿深度方向分布的比较

・通常阱的形成：利用扩散。1100~1150℃，6~20h 退火处理
・倒梯度阱的形成：400~600keV 离子注入。1000℃，30min 退火处理

5.4.3　单阱形成

　　阱形成最早是由热扩散法来实现的。通过对硼或磷长时间的退火（drive-in，阱推）使其在 Si 内部发生深的扩散。由于这种方法处理时间长且难于精准控制杂质的扩散深度及浓度分布，一度是 CMOS 制作工艺的瓶颈。现在普遍采用的是离子注入法，其工艺相对简约，热处理时间也短。

　　首先，对于通常的 n 阱或 p 阱（单阱，5.4.2 节图及本节图）的形成来说，一般方法是使光刻胶交互地用作 p 区域或 n 区域的掩模。但是，要达到最终的结构还要经历几个不同的途径。例如：

　　（1）从阱掩模开始的方法（5.4.2 节图）；

　　（2）从活性区掩模开始的方法（本节图及 5.4.4 节图 1）；

　　（3）从场氧化膜（LOCOS）形成开始的方法（未图示）。

　　到底哪一种最合理，似乎不好下定论。

　　此后，对于 p 沟道、n 沟道各自的源－漏区域的形成，还要以光刻胶作掩模分别进行离子注入，需要的离子注入次数很多。近年来为了形成倒梯度阱，多采用高加速电压的离子注入，离子注入装置的重要性越来越高。

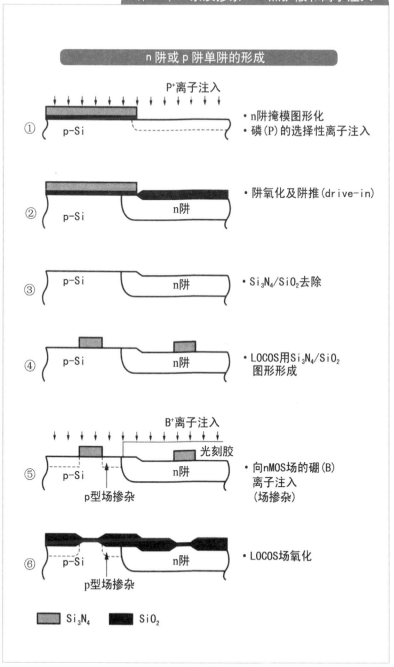

n阱或p阱单阱的形成

① P⁺离子注入
p-Si
• n阱掩模图形化
• 磷(P)的选择性离子注入

② p-Si n阱
• 阱氧化及阱推(drive-in)

③ p-Si n阱
• Si₃N₄/SiO₂去除

④ p-Si n阱
• LOCOS用Si₃N₄/SiO₂图形形成

⑤ B⁺离子注入
p-Si n阱 光刻胶
p型场掺杂
• 向nMOS场的硼(B)离子注入(场掺杂)

⑥ p-Si n阱
p型场掺杂
• LOCOS场氧化

Si₃N₄   SiO₂

5.4.4 双阱形成

图 1 所示为从活性区掩模开始的方法。图 2 是双阱结构形成的一例。即使对于这种结构来说，也存在各种各样的途径。先分别单纯地做出 n 沟道侧和 p 沟道侧，再一起进行热处理。

但是，在第 2 次的离子注入中，采用的是以厚 SiO_2 做掩模的一种自校准方法，可以减少掩模使用次数，有利于热损伤降低，工艺简约化。

通过掺杂，把需要的杂质引入硅中，可以改变材料的电学性能，这能通过离子注入或扩散来实现。离子注入有众多优点，已大规模取代了扩散。扩散是由浓度梯度造成的一种物质在另一种物质中的运动。离子注入是物理过程，需要使用注入设备。离子注入的两个重要参量是注量和射程。束流和注入时间用以确定注量。射程是杂质穿过硅圆片的总距离，与能量和杂质离子质量有关。注入离子与硅原子发生碰撞和反应，最终将停留在硅圆片内。

离子注入设备主要有 6 个子系统：离子源、吸极、离子分析器、加速管、扫描系统和工艺腔。离子源产生注入的离子。吸极把离子从离子源提取出来，分析磁铁把所需离子与其他离子分离开来。加速器将杂质离子加速，通过扫描系统把它射向硅圆片。硅圆片用高温炉或 RTP 退火，以恢复晶格缺陷，激活杂质。沟道效应是指杂质通过晶格的间隙通道飞行更远距离，将导致不一致的结深。它可以通过倾斜硅圆片、预非晶化或掩模氧化层等方法加以控制。注入机对颗粒非常敏感。

离子注入广泛用于 IC 芯片制造，包括 MOS 栅阈值调整、倒掺杂阱、源漏注入、超浅结、轻掺杂漏区、多晶硅栅、深埋层、穿通阻挡层、沟道电容器和 SIMOX 等。

本节重点
(1) 介绍从阱掩模开始的双阱形成方法。
(2) 第 2 次的离子注入中如何采用自校准方式？
(3) 离子注入在 IC 芯片制造中有哪些应用？

图 1　从活性区掩模开始的方法

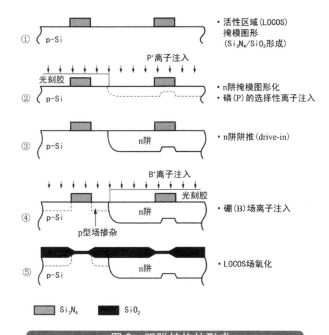

① p-Si ・活性区域(LOCOS)掩模图形(Si₃N₄/SiO₂形成)

P'离子注入

光刻胶

② p-Si ・n阱掩模图形化・磷(P)的选择性离子注入

③ p-Si n阱 ・n阱阱推(drive-in)

B'离子注入

光刻胶

④ p-Si n阱 ・硼(B)场离子注入

p型场掺杂

⑤ p-Si n阱 ・LOCOS场氧化

Si₃N₄　　SiO₂

图 2　双阱结构的形成

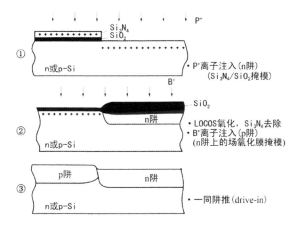

P⁺

Si₃N₄
SiO₂

① n或p-Si ・P⁺离子注入(n阱)(Si₃N₄/SiO₂掩模)

B⁺

SiO₂

② n或p-Si n阱 ・LOCOS氧化，Si₃N₄去除・B⁺离子注入(p阱)(n阱上的场氧化膜掩模)

③ p阱 n阱 n或p-Si ・一同阱推(drive-in)

5.4.5　离子注入在 CMOS 中的应用

图1汇总了离子注入技术在 CMOS 器件中的应用。仅就离子注入的次数而言，就有十次之多，图中所示是双阱结构，若再加上三阱、倒梯度阱等形成，则离子注入次数会进一步增加。这里的离子注入是不可能由热扩散替代的。包括 n、p 沟道结构各自阱的形成、源－漏形成、沟道掺杂、场掺杂等。而且，在此尽管不做详述，在各种结构中，还包括称为扩展区域 (extension) 的浅源－漏结的形成及略深些的接触区域的形成。

要采用同一个设备完成图1所示各种不同的离子注入，对离子注入设备提出极高的要求。更多的情况是，选择具有所需要注量（和注量率）和加速电压（注入离子能量）的离子注入设备。现在，作为离子注入装置，有如下几大类：①中电流注入机；②大电流注入机；③高能量注入机；④低能量注入机。

图2表示各种应用中所需要的离子注量及注入能量的范围。例如，为形成绝缘层，需要由氧离子注入等，应选用高能量的注入机；而对于源－漏形成来说，希望采用能量低而电流足够大的装置，大电流注入机与此相对应；其他应用则更多选用中电流机。低能量注入机是对应于今后的浅 pn 结的装置，其 R_p 非常低，而且必须得到足够的注量，因此希望采用低能量，最好是 10keV 以下。顺便指出，对于高能量注入机来说，则适用于 MeV 级的加速能量，称其为**兆伏注入机** (megavolt implanter) 等。

本节重点
(1) 汇总离子注入在 CMOS 中的应用。
(2) 这些离子注入分别处于何种能量范围？
(3) 这些离子注入分别处于何种注量范围？

图 1　离子注入在 CMOS 中的应用

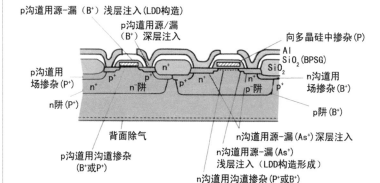

图 2　离子注入的应用范围（以注量范围和注入能量范围表示）

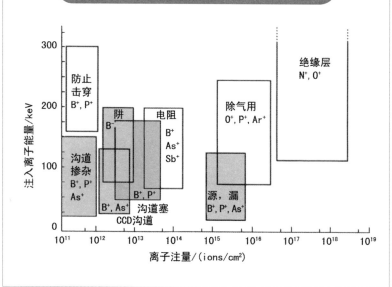

5.4.6　离子注入用于浅结形成

　　图 1 表示离子注入、浅结形成技术的发展经历，今后应用中最大的问题是如何对应浅结形成。特别是，随着微细化的进展，特征线宽到 100nm 级别，源－漏结深度就达到 30 ～ 40nm 程度。要形成这样的浅结，需要 5 ～ 10keV 程度的超低能量注入。这被认为达到离子注入装置的极限。

　　不言而喻，离子注入设备也在持续改良和不断进展中，但下面要介绍的是一种不采用离子注入的杂质导入技术——**等离子掺杂**或**离子掺杂**。图 2 所示为弗利曼型离子源。该方法是在装置中联合运用高密度等离子体使活化的Ⅲ、Ⅴ族原子在基板上沉积和低能量浅注入这两种效果。从装置讲，由于不需要目前采用的大型加速器，且属于杂质的浅层导入，可以使之形成 pn 结，经济性也非常高，因此备受期待。

　　从一定意义上讲，这种等离子掺杂装置参照了 CVD 装置及干法刻蚀装置的工作原理，由于创意源于半导体制作第一线，因此半导体制作工艺专家与离子掺杂装置制作专家共享知识产权。现在的应用仅限于扩展源－漏的形成，人们期待其应用有进一步扩展。

本节重点
（1）如何实现浅结注入？
（2）介绍等离子掺杂和离子掺杂技术。
（3）等离子掺杂和离子掺杂技术比离子注入有何优点？

图1 离子注入、浅结形成技术的发展经历

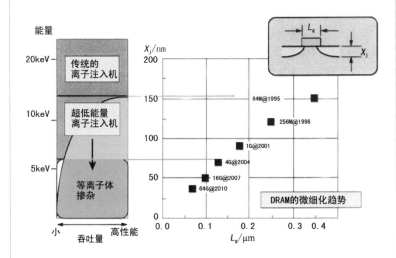

图2 弗利曼型离子源

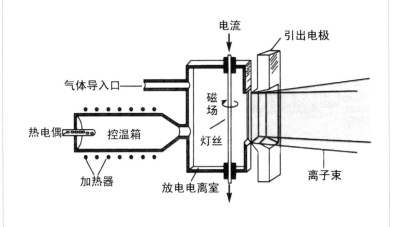

书角茶桌

"核心技术是国之重器"

我国是世界上最大的 IC 芯片市场，2017 年进口 IC 芯片 2600 亿美元 /3770 亿块，分别年增 14.6% 和 10.1%，占大陆进口总额的 14.1%，平均进口单价每个为 0.69 美元（约 4.35 元人民币）。整体规模更是 1600 亿美元原油进口额的 1.6 倍以上。2017 年，全球半导体总销售额 4122 亿美元，同比增长 20.6%。其中 IC 芯片为 3402 亿美元，而中国进口了全球 76% 的芯片。

美国商务部 2018 年 4 月 16 日宣布，今后 7 年内，将禁止该国企业向中国电信设备制造商中兴通讯出售任何电子技术或通信元件。被扼住咽喉的中兴是否会因"断供"而受重创？这背后深刻的问题却是中国核心技术短板，尤其是高端芯片大量依靠进口。

这一事件不仅对包括中兴在内的高科技企业产生影响，而且在舆论场上引发深入讨论，其中的一个关注焦点是，出口禁运触碰到了中国通信产业核心技术缺乏的痛点。互联网核心技术是我们最大的"命门"，核心技术受制于人是我们最大的隐患。"缺芯少魂"的问题，再次严峻地摆在人们面前。

目前，我国在半导体领域的混乱局面是，各地方政府纷纷建立基金引入半导体制造，而且大部分不是高端生产技术。问题是半导体代工并不是核心技术，核心技术在于处理器、存储、传感器、射频、高端模拟等。部分地方政府将半导体当作制造业来发展是错误判断。

集成电路所包含的产业十分广泛，包括软件（EDA 工具）、设计、制造、封测、材料、设备等，其中都涉及大量的核心技术。我国和国际主流水平的差距是全方位的，几乎所有的设备、材料都依赖进口，FPGA、存储器全部进口，而我国能做的产品也落后很多。没有掌握核心技术，产业就容易被遏制，我国制造强国的地位就难以为继，更难在智能汽车、智能电网、人工智能、物联网、5G 等新兴领域占有一席之地。

第 6 章

摩尔定律能否继续有效

书角茶桌
　　集聚最强的力量打好核心技术研发攻坚战

6.1 多层化布线已进入第4代

6.1.1 多层化布线——适应微细化和高集成度的要求

IC 中包括各种类型的微细化元件，结构非常复杂，而且伴随着逻辑系 IC 多层布线层数的增加，IC 表面各种各样的凹凸越来越多，高差逐渐增大。在 IC 制造中，形成薄膜，接着加工成图形及开孔等微细加工后，再沉积下一层薄膜。这样的工序要反复进行多次。如果表面凹凸过多，高差过大，薄膜形成时，台阶部位的膜厚就会变薄，而且布线断线会引起断路，布线间绝缘不良会引起短路。上述隐患会大大降低成品率。而且，即使开始能正常工作，长期运行的可靠性也难以保证。

表面凹凸的另一个突出问题发生在照相刻蚀工序。曝光时，若被照射的表面存在凹凸，则曝光系统透镜的焦点不可能全部对准表面，从而难以形成微细图形。

薄膜一般来说是厚度均匀的膜层，如同地面上的积雪，地面的凹凸不平会在积雪表面显示出来。如果在凹凸不平的表面再形成凹凸，则一方面增加了工艺的难度，另一方面在二次凹凸的表面沉积薄膜，薄膜的表面形貌会变得更为复杂。如果多次重复上述薄膜沉积、表面加工，再次薄膜沉积、再次表面加工的过程，则可以想象表面的形貌有多么复杂。要想在这种复杂的表面完成一次又一次的超精细加工，显然是不可能的。为了解决这一问题，每层薄膜表面的平坦化是至关重要的。为此，人们发明了各种方法，开发出各种设备，并成功在工艺中采用，以使超大规模集成电路的水平越来越高。

多层布线是在芯片上完成的立体化布线，该制程相对于形成三极管构造的基本制程而言，属于布线制程，因此有时也称为后端制程（back end）、FEOL（Front End Of Line）、后制程等。多层布线技术始于 20 世纪 60 年代的第一代，至今已发展到第四代，其特征是 Cu 布线与 low-k 介质膜相组合。

基于下述原因，多层布线结构必不可少。

①提高图形（pattern）设计的自由度，便于硅基板内元件的高密度布置；

②便于高密度、高集成化的三维立体结构；

③芯片表面的有效利用，利于芯片尺寸缩小；

④通过布线长度的缩短和布线尺寸设计自由度的增加，提高器件性能和可靠性。

本节重点

（1）表面凹凸对于 IC 芯片制程有哪些危害？
（2）多层布线结构为什么对于 IC 芯片制程必不可缺？
（3）多层布线技术先后经历了几个世代？

第 1 代多层布线技术——逐层沉积

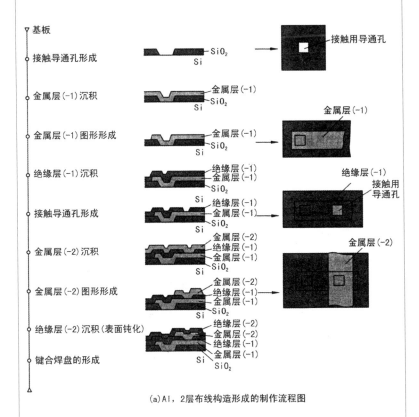

▽ 基板
○ 接触导通孔形成　　　　　　—SiO₂
　　　　　　　　　　　　　　Si

接触用导通孔

○ 金属层(-1)沉积　　　　　—金属层(-1)
　　　　　　　　　　　　　—SiO₂
　　　　　　　　　　　　Si

金属层(-1)

○ 金属层(-1)图形形成　　　—金属层(-1)
　　　　　　　　　　　　　—SiO₂
　　　　　　　　　　　　Si

○ 绝缘层(-1)沉积　　　　　—绝缘层(-1)
　　　　　　　　　　　　　—金属层(-1)
　　　　　　　　　　　　　—SiO₂

绝缘层(-1)
接触用导通孔

○ 接触导通孔形成　　　　　—绝缘层(-1)
　　　　　　　　　　　　　—金属层(-1)
　　　　　　　　　　　　　—SiO₂

○ 金属层(-2)沉积　　　　　—金属层(-2)
　　　　　　　　　　　　　—绝缘层(-1)
　　　　　　　　　　　　　—金属层(-1)
　　　　　　　　　　　　　—SiO₂

金属层(-2)

○ 金属层(-2)图形形成　　　—金属层(-2)
　　　　　　　　　　　　　—绝缘层(-1)
　　　　　　　　　　　　　—金属层(-1)
　　　　　　　　　　　　　—SiO₂

○ 绝缘层(-2)沉积(表面钝化)—绝缘层(-2)
　　　　　　　　　　　　　—金属层(-2)
　　　　　　　　　　　　　—绝缘层(-1)

○ 键合焊盘的形成　　　　　—金属层(-1)
　　　　　　　　　　　　　—SiO₂

(a) Al, 2层布线构造形成的制作流程图

金属膜	绝缘膜
溅射镀膜(Al合金，Mo，W，硅化物等) 真空蒸镀(Al，Ti，Pd，Pt，Au等) CVD(Mo，W等)	溅射镀膜(SiO₂，Si₃N₄等) CVD(SiO₂，PSG等) 等离子体CVD(SiO₂，Si₃N₄等) 涂布法(SiO₂，聚酰亚胺等) 阳极氧化法(Al₂O₃)

(b) 多层布线用薄膜的形成法及其选择

多层布线技术的世代进展

第1代	1970年以后	双极性IC（TTL，ECL，存储器等） ——Al，2～3层布线 Si栅MOSLSI ——Al-多晶Si，2层布线
第2代	1985年以后	CMOS逻辑LSI（CPU，门阵列等） ——Al，2～5层布线 1M或4M以上的DRAM ——Al，2层布线
第3代	1995年以后	CMOS逻辑LSI及64M以上的DRAM ——CMD平坦化制程的导入
第4代	2000年以后	最尖端的LSI器件 ——替代Al的高电导、耐电迁移金属材料Cu的导入 ——铜布线，单大马士革和双大马士革制程的导入 ——替代SiO_2的低介电常数层间绝缘膜的导入（low-k）

6.1.2 第1代和第2代多层化布线技术
——逐层沉积和玻璃流平

6.1.1节图示为第1代多层布线的制程及所用的金属及绝缘膜的种类。当时，作为主导绝缘膜已确定为SiO_2，与之相应的CVD法也已确立。图形设计准则为$10\mu m$左右，布线平坦化还未提到议事日程，台阶部位的断线问题远不像今天这样严重，可以采用不同的对策来解决。

下图表示第2代多层布线的结构。随着图形微细化的进展，日益重视窄间隙中绝缘膜的填入，进而导入了玻璃流平（SOG）技术。还大量引入采用牺牲层（光刻胶等）的反向蚀刻平坦化法，至今仍有采用。但是这些均不能保证完全的平坦化。

SOG旋转涂布玻璃，为半导体制程上主要的局部性平坦化技术。SOG是将含有介电材料的液态溶剂以旋转涂布方式，均匀地涂布在晶圆表面，以填补沉积介电层凹陷的孔洞。之后，再经过热处理，可去除溶剂，在晶圆表片上留下固化后近似二氧化硅的介电材料。

本节重点

（1）简述逐层沉积平坦化工艺。
（2）简述玻璃流平平坦化工艺。
（3）逐层沉积和玻璃流平平坦化有什么缺点？

第 2 代多层布线技术——玻璃流平

第2代多层布线技术的特征

- 由光刻胶反向刻蚀(etch back)法实现绝缘膜平坦化
  ——利用等离子体CVD氧化膜埋入层间膜。
- 由SOG(涂布玻璃流平)膜的辅助埋入平坦化
  ——利用等离子体CVD氧化膜的三明治结构。
- 由BPSG回流的金属前平坦化绝缘膜的形成
- 由钨(W)CVD膜的反向刻蚀(etch back)形成柱塞结构
- 作为防止电迁移的对策,采用Al-Cu-Si合金膜

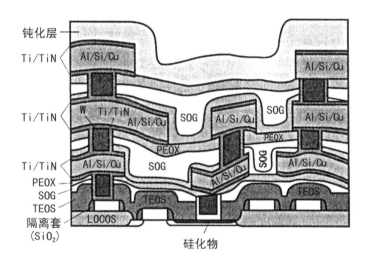

6.1.3　第3代多层化布线技术——导入 CMP

　　在图1所示的第3代布线技术中，设计基准已达 0.25μm 以下，对窄间隙中的金属埋入、金属间窄间隙中绝缘膜的埋入要求更加严格，平坦化制程的导入必不可缺。CMP 技术被开发并在 W 柱塞的形成、绝缘膜的平坦化方面成功应用。Al 回流也作为平坦化的手段被成功运用。至此，全程（global）平坦化概念被普遍接受，在用于金属下层间绝缘膜(BPSG) 完全平坦化的回流法基础上，再加上 CMP，使得更多层布线制程成为可能。

　　CMP 装置的研磨抛光（图2）是半导体工艺的一个步骤，该技术于 20 世纪 90 年代前期开始被引入半导体硅晶片工序，从氧化膜等层间绝缘膜开始，推广到聚合硅电极、导通用的钨插塞、STI，而在器件的高性能化同时引进的铜布线工艺技术方面，现在已经成为关键技术之一。虽然目前有多种平坦化技术，同时很多更为先进的平坦化技术也在研究中崭露头角，但是化学机械抛光已经被证明是目前最佳也是唯一能够实现全局平坦化的技术。进入深亚微米以后，摆在 CMP 面前的代表性课题之一就是对于低介电常数材料的全局平坦化。

本节重点
(1) 什么是 CMP？请介绍 CMP 装置。
(2) 介绍导入 CMP 的 Al 布线技术的工艺过程及特征。
(3) IC 芯片制程中采用何种研磨液？

图 1　第 3 代多层布线技术——导入 CMP

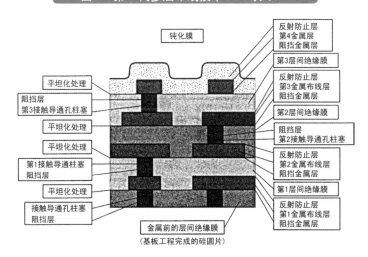

钝化膜

反射防止层
第4金属层
阻挡金属层

第3层间绝缘膜

反射防止层
第3金属布线层
阻挡金属层

第2层间绝缘膜

阻挡层
第2接触导通孔柱塞

反射防止层
第2金属布线层
阻挡金属层

第1层间绝缘膜

反射防止层
第1金属布线层
阻挡金属层

平坦化处理

阻挡层
第3接触导通孔柱塞

平坦化处理

平坦化处理

第1接触导通柱塞
阻挡层

平坦化处理

接触导通孔柱塞
阻挡层

金属前的层间绝缘膜
（基板工程完成的硅圆片）

图 2　CMP 装置的研磨抛光部分示意图

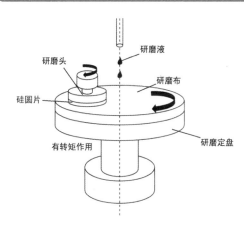

研磨液

研磨头

研磨布

硅圆片

有转矩作用

研磨定盘

6.1.4 第4代多层化布线技术——导入大马士革工艺

图1所示为称作21世纪多层布线结构的第4代多层布线技术。图中记作：Cu（ρ_{eff}=2.4μΩ·cm）low-k ILD（k_{eff}=2.5）的部位，表示该处的实际电阻率及介电常数。Cu的本征电阻率是1.7μΩ·cm，要比2.4μΩ·cm低，后者是由于与阻挡金属层等积层所致。介电常数的情况也与此类似。图2所示为CMP装置。

第4代多层布线技术中，除了采用W柱塞作为层间连接之外，全部采用了Cu双大马士革（dual Damascene）工艺。第4代多层布线技术中已不采用绝缘膜埋入技术，也不需要金属的蚀刻技术。

采用Cu-CMP的大马士革镶嵌工艺师目前唯一成熟和已经成功用于IC制造中的铜图形化工艺。据预测，到了0.1μm工艺阶段，将有90％的半导体生产线采用铜布线工艺。在多层布线立体结构中，要求保证每层全局平坦化，Cu-CMP能够兼顾硅晶片全局和局部平坦化。

目前，第4代布线结构只是在最尖端器件中采用，第3代多层布线技术仍广为采用。

第4代多层布线工艺的特征

为适应器件高性能化，引入的新材料、新工艺：

· 为提高平坦性及高密度原件的排列采用STI构造

· 金属前层间绝缘膜的CMP加工

· 利用大马士革工艺形成W柱塞

· 利用低介电常数（low-k）膜的层间绝缘膜结构

　　——不需要采用CMP平坦化工艺。

· 铜（Cu）布线构造

　　——绝缘膜阻挡层（Si_3N_4）膜。

　　——金属阻挡层（TaN等）膜。

　　——大马士革工艺形成图形。

本节重点

(1) 第4代多层布线技术采用了哪些新技术、新工艺？

(2) 第4代多层布线技术中为何进行Cu布线？

(3) 介绍实现多层Cu布线的工艺过程。

图 1　多层布线构造

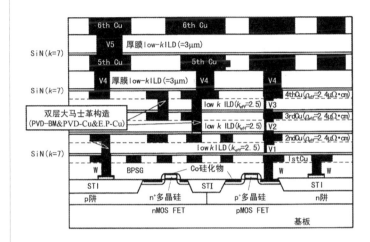

图 2　CMP（化学机械平坦化）装置

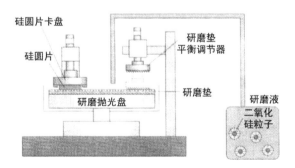

6.2 铜布线的单大马士革和双大马士革工艺
6.2.1 Cu 大马士革布线逐渐代替 Al 布线

　　随着布线的微细化，Al 布线存在两大问题：一是接触不良，二是发生断线。前者是在 Al 布线与 Si 基板间的接触电极部位，由于热处理工艺 450℃ 左右的温度下，Al 扩散至 Si 的接触部位而引起（图1）；后者由于电迁移（4.5 节）和应力迁移所引起。在集成电路制程的不断进展中，曾采取了各种措施解决这些问题，例如用 Al（Cu、Si）合金替代纯铝，在多层布线中加入 W 柱塞、硅化物、氮化物（TiN）阻挡金属层等，但都难以彻底奏效。

　　图 2 表示 Cu 大马士革布线与 Al 布线方法的比较。对于 Al 布线来说，是在层间绝缘膜中形成连接孔之后，埋入 W 柱塞，再对 Al 膜干法刻蚀形成 Al 布线。而且层间绝缘膜形成之后是由 CMP 研磨实现平坦化。Cu 大马士革布线则与传统的 Al 布线和布线加工顺序不同，是在层间绝缘膜中按布线形状形成沟槽。在 Cu 大马士革布线中又有单大马士革和双大马士革之分，前者连接孔中用 W 柱塞，仅布线沟槽中埋入 Cu，后者是在连接孔和布线沟槽形成之后，一次性埋入 Cu，因此工序较少。二者都是在涂覆阻挡层金属之后，整体埋入 Cu 膜，再利用 CMP 将布线之外的 Cu 和阻挡层金属层去除干净，由此形成所需要的布线。

本节重点
（1）Al 布线接触部位会发生什么问题？
（2）介绍 Al 布线接触部位的变迁。
（3）与传统Al布线工艺相比,Cu大马士革布线工艺有哪些优点？

图 1　与 Al 布线接触部位的变迁

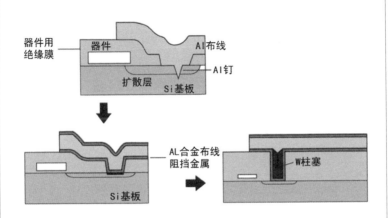

器件用绝缘膜
器件
Al 布线
Al 钉
扩散层
Si 基板

Al 合金布线
阻挡金属
Si 基板
W 柱塞

图 2　Al 布线与 Cu 大马士革布线形成方法的比较

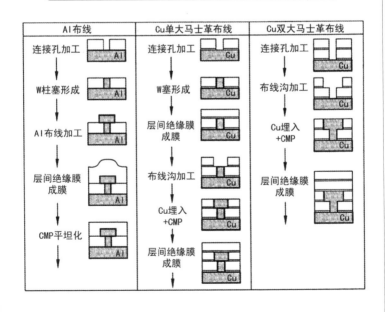

Al 布线	Cu 单大马士革布线	Cu 双大马士革布线
连接孔加工	连接孔加工	连接孔加工
W 柱塞形成	W 塞形成	布线沟加工
Al 布线加工	层间绝缘膜成膜	Cu 埋入 +CMP
层间绝缘膜成膜	布线沟加工	层间绝缘膜成膜
CMP 平坦化	Cu 埋入 +CMP	
	层间绝缘膜成膜	

6.2.2 大马士革工艺即中国的景泰蓝金属镶嵌工艺

　　在 CPU 等逻辑系 IC 中，随着微细化技术的进展，集成化程度及性能不断提高。但是，对于基体硅圆片的扩散工艺来说，当三极管等原件布满整个 IC 芯片时，布线变窄及布线交叉则不可避免，否则布线会做得很长，这又会带来更大的问题。解决上述问题的最好途径是多层布线，目前多达 10 层的多层布线已经达到实用化。但需要解决的关键问题是层间膜的平坦化以及布线间垂直连接的"通孔的埋入技术"。为适应电路图形的微细化、特征尺寸及引线节距的缩小，多层布线技术不断进展（图1）。与此同时，利用大马士革（镶嵌）工艺在沟槽中埋置金属（Al、W、Cu 等，图2）获得成功。

　　大马士革工艺是在沟槽中填置金属来布线的，这与先在坏体上焊上金属丝再填充颜料的景泰蓝工艺有异曲同工之处。大马士革工艺先要在 SiO₂ 上形成沟槽，镀一层阻挡层后（TiN 或 Ti），再将金属埋入，最后再进行平坦化处理。传统的集成电路的多层布线是以金属层的干蚀刻方式来制作金属导线之后填充介电层。而大马士革镶嵌工艺正好相反，是先在介电层上刻蚀出沟槽，然后再填入金属。镶嵌工艺最大的特点就是不需要对金属进行干刻蚀，这对于布线材料由铝变为铜之后尤为重要。铜的导电性更好，但是铜的干刻蚀较为困难，因此需要采用大马士革的镶嵌工艺。由镶嵌工艺制作像金银线织锦缎那样的布线结构，确实需要高超的技术。

本节重点

（1）请对比大马士革铜布线工艺与中国景泰蓝工艺。
（2）介绍大马士革铜布线的工艺过程。
（3）为什么大马士革铜布线工艺能实现层层平坦化？

图 1　CMP 装置及其变种

(a) CMP 装置的基本构造

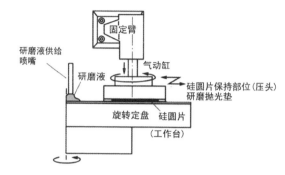

(b) CMP 装置的变种

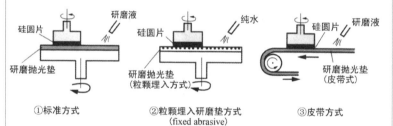

①标准方式　　②粒颗埋入研磨垫方式　　③皮带方式
(fixed abrasive)

图 2　由大马士革（镶嵌）工艺在沟槽中埋置金属制作导体布线的实例

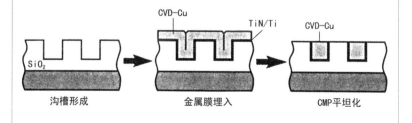

沟槽形成　　　金属膜埋入　　　CMP 平坦化

6.2.3 从 Al 布线 +W 柱塞到 Cu 双大马士革布线

图1、图2对W柱塞Al布线和Cu双大马士革布线进行了对比。

双大马士革的布线结构如图2所示。在 Cu 的下部布线上有两层绝缘膜阻挡层和两层 low-k 膜，四层膜交替分布。绝缘膜阻挡层兼用作刻蚀阻止层、硬掩模，使用的材料为 SiN 或 SiC，由化学气相沉积（CVD）形成。low-k 膜可以为无机膜，也可以为有机膜，采用化学气相沉积或旋涂玻璃（SOG）制得。经过刻蚀后，形成了 T 字形的沟道，下部是连接孔，上部是布线沟。在进行金属 Cu 布线之前，先要镀两层膜：Cu 电镀用的打底层和金属阻挡层（TaN，TiN 等），打底层是为了增强 Cu 布线部分与基体的附着力，并保证在温度较高的工作状态下仍能保持较高的附着力，而阻挡层则用来防止铜离子向绝缘膜中扩散。由于 Cu 极易在 Si 及 SiO_2 扩散，改变半导体的电性能，造成集成电路失效，为了阻止 Cu 在 Si 及 SiO_2 的扩散，需要在 Cu 与 SiO_2 增加一层由高熔点的过渡金属及其氮化物组成的阻挡层。根据大马士革工艺，Cu 的金属化是在阻挡层上进行的，因此阻挡层材料表面对化学镀铜、铜膜形态结构、电性能都有重大的影响。这两层膜均可以用化学气相沉积或物理气相沉积（PVD）的方法制得。制作完这两层膜就可以将 Cu 埋入，可以采用化学气相沉积或电镀及化学镀的方式。埋入的 Cu 可以分为两部分：布线部分和连接孔部分。相比之下，在单大马士革布线工艺中，Cu 只起布线作用，而不作为连接孔部分。最后，再用化学机械平坦化（CMP）方法将多余的金属Cu去除。

Cu 双大马士革布线的简要形成步骤如下：①双大马士革沟槽加工；②阻挡层、Cu 打底层形成；③ Cu 电镀膜形成；④利用 CMP 方法形成布线。

本节重点
（1）Al 布线过孔为什么要 +W 柱塞？
（2）介绍 Al 布线过孔 +W 柱塞的形成方法。
（3）介绍 Cu 双大马士革布线工艺。

图1 AI布线用W柱塞的形成法

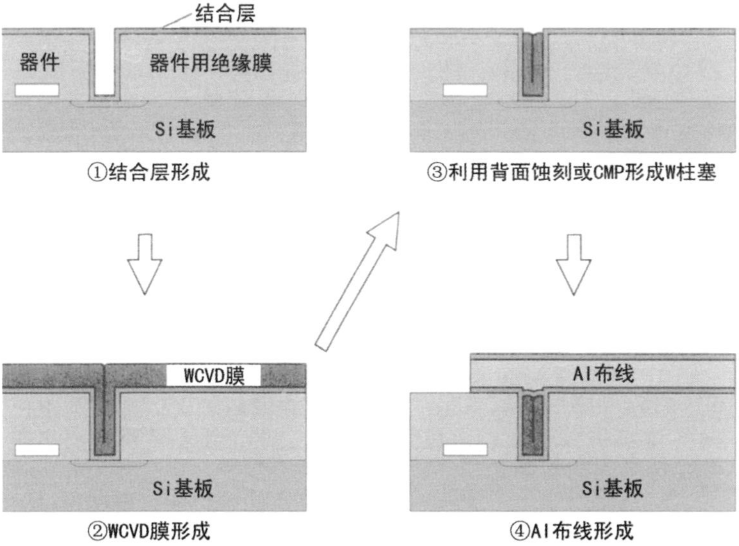

结合层

器件 | 器件用绝缘膜

Si基板

①结合层形成

③利用背面蚀刻或CMP形成W柱塞

Si基板

WCVD膜

Si基板

②WCVD膜形成

AI布线

Si基板

④AI布线形成

图2 Cu双大马士革布线的形成方法

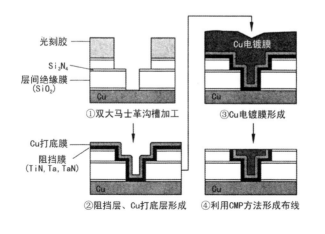

光刻胶

Si₃N₄

层间绝缘膜
(SiO₂)

Cu

①双大马士革沟槽加工

Cu电镀膜

Cu

③Cu电镀膜形成

Cu打底膜

阻挡膜
(TiN, Ta, TaN)

Cu

②阻挡层、Cu打底层形成

Cu

④利用CMP方法形成布线

6.2.4　Cu 双大马士革布线结构及可能出现的问题

　　多层布线是在芯片上完成的立体化布线，该制程相对于形成三极管构造的基板制程 FEOL 而言，属于芯片中的布线制程，因此有时也称其为后端（back end）制程、后制程等。多层布线技术始于 20 世纪 60 年代的第 1 代，至今已进展到第 4 代，其特征是 Cu 布线与 low-k 介质膜相结合。第 4 代多层布线技术中，除了采用 W 柱塞作为层间连接之外，全部采用了图 1、图 2 所示的 Cu 双大马士革工艺：

　　（1）生长多层绝缘膜：绝缘膜分为布线间绝缘膜、层间绝缘膜和阻塞绝缘膜。其中布线间绝缘膜和层间绝缘膜也称为 low-k 膜。阻塞绝缘膜的厚度很小。low-k 膜和阻塞绝缘膜交替分布。

　　（2）利用光刻和干法蚀刻，在绝缘膜上制作层间导通孔和布线沟槽：布线沟槽和层间导通孔（开口）的连续形成是双大马士革布线的特点之一。

　　（3）利用溅射镀膜法依次在表面形成阻挡金属层和打底金属层：阻挡金属层也称为防扩散金属层，顾名思义，是为了防止 Cu 向基体中扩散而影响电信号的传输。打底金属层则可以增加 Cu 和阻挡层间的黏结力。

　　（4）利用电镀法生长铜，在层间导通孔和布线沟中埋置（填充）铜：电镀铜将 T 字形的导通孔和布线沟填满。

　　（5）利用 CMP 方法对铜和阻挡金属层进行研磨，制成平坦的铜布线：利用 CMP 方法将多余的 Cu 去除，以便进行后续的绝缘膜的沉积。

本节重点

（1）介绍 Cu 双大马士革布线的结构。

（2）介绍 Cu 双大马士革布线结构中每一层的作用。

（3）Cu 双大马士革布线工艺中可能出现哪些问题？如何克服？

图 1　Cu 双大马士革布线的结构

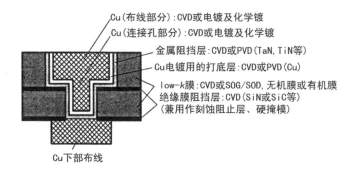

Cu（布线部分）：CVD或电镀及化学镀
Cu（连接孔部分）：CVD或电镀及化学镀
金属阻挡层：CVD或PVD（TaN，TiN等）
Cu电镀用的打底层：CVD或PVD（Cu）
low-k膜：CVD或SOG/SOD，无机膜或有机膜
绝缘膜阻挡层：CVD（SiN或SiC等）
（兼用作刻蚀阻止层、硬掩模）

Cu下部布线

图 2　Cu 双大马士革工艺中可能出现的问题

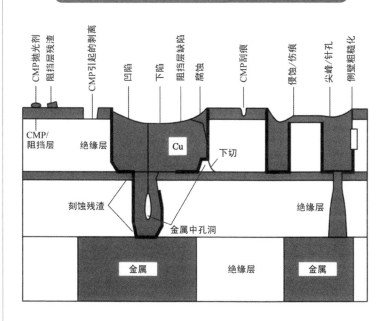

6.3 摩尔定律能否继续有效?

6.3.1 半导体器件向巨大化和微细化发展的两个趋势

图1表示据20世纪90年代中期预测,IC器件向**巨大化**和**微细化**发展的两个趋势。所谓巨大化,以DRAM的集成度(bit/芯片)和硅圆片直径(mm)的变化为代表;所谓微细化,以最小加工尺寸(以前用μm,现在用nm为单位),pn结深度(nm),栅、电容区域的最薄氧化膜厚度(nm)的变化为代表。从这两个趋势看,近30年IC产业的发展远远超过了人们的预期。

早期人们常以小、中、大、超大、极大规模来表征IC的集成度,后来又以**特征线宽(设计基准)**的微米、亚微米、深亚微米(为单位的尺寸),193nm、157nm、90nm、65nm、40nm、32nm、20nm、12nm,甚至7nm来表征IC的"水平"。所谓特征线宽,又称设计基准,可以理解为CMOS器件的栅长,也可以理解为最小布线宽度,也就是最小加工尺寸(图2)。

业界之所以将栅长(**最小加工尺寸**),作为表征集成电路**产业化世代进步**的指标,主要基于下述三个理由。

(1)从一个世代进展到下一个世代,所需要的**资金规模**并非线性,而是数倍乃至数百倍的增加。如此高强度的资金投入并非一般企业所能承担。

(2)从一个世代跨越到下一个世代,所需要的生产线、技术水平、原辅材料、电子化学品,特别是**关键设备**,必须上一个大台阶,需要更新换代。如此雄厚的技术储备并非一般企业所具有。

(3)每个世代IC产品的级别、档次不同,应用对象特别是**下游用户**不同。也就是说,只有下一个世代的IC产品才能满足最新设备的应用要求,才能卖到好价钱,赚取超额利润。

本节重点

(1)什么是集成电路的特征线宽(设计基准)?
(2)为什么业界将特征线宽作为集成电路世代进步的指标?
(3)说明半导体器件向巨大化和微细化发展的两个趋势。

图 1 半导体器件向巨大化和微细化发展的两个趋势

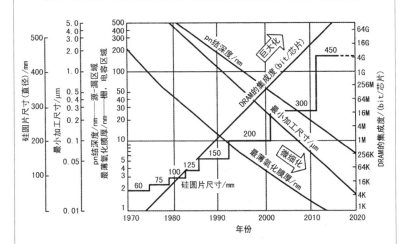

图 2 逻辑 LSI 中布线技术的变迁

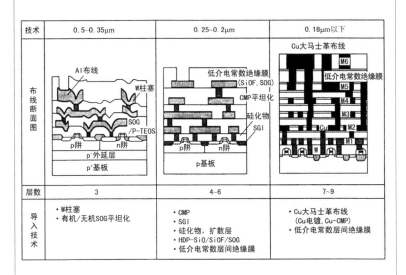

技术	0.5~0.35μm	0.25~0.2μm	0.18μm以下
布线断面图			
层数	3	4~6	7~9
导入技术	・W柱塞 ・有机/无机SOG平坦化	・CMP ・SGI ・硅化物，扩散层 ・HDP-SiO/SiOF/SOG ・低介电常数层间绝缘膜	・Cu大马士革布线 　(Cu电镀，Cu-CMP) ・低介电常数层间绝缘膜

6.3.2　芯片集成度不断沿摩尔定律轨迹前进

　　1965 年，作为美国英特尔公司最初创始人之一的戈登·摩尔（Gordon Moore）预言：单位平方英寸上晶体管的数目每隔18～24 个月就将翻一番。然而，当人们对未来发展进行预测时，总是对摩尔定律能否继续有效表示或多或少的怀疑。与半导体事业的发展息息相关的人们，包括研究、开发者、生产者、经营者还有使用者，在对未来充满憧憬的同时，也时时怀着担心："不久将达到极限吧"，"已经发展到尽头了吧"。

　　例　如，ITRS（International Technology Roadmap for Semiconductors，国际半导体技术指南）于 1999 年 11 月公布的预测就指出，如果摩尔定律继续有效，在最小尺寸 100nm（0.1μm）以下的范围内，在技术上将存在难以跨越的壁垒（图 1）。但近30 年的发展不但打破了层层壁垒，且芯片密度指标不断沿摩尔定律的轨迹前进，如图 2 中上方的虚线所示。图中下方同时给出2000 年以后封装密度随半导体芯片集成度增加的模式图。

　　20 世纪 90 年代后半期，仅靠光刻技术的改良已难以有效地提高密度，而 IBM 从 1998 年起，成功地将 Al 布线改为 Cu 布线（Copper Writing），使性能和密度两个方面都得到改良，从而摩尔定律得以延续。现在各个半导体厂家正逐步将低介电常数(Low-k Dielectric）或超低介电常数（Ultra Low-k Dielectric）材料实用化。

本节重点

（1）摩尔定律何时提出？请叙述摩尔定律的内容。

（2）解释"摩尔定律并非物理学定律"，"而是描述产业化的定律"。

（3）几十年来，哪些当时的新技术不断支持摩尔定律继续有效？

图 1　半导体技术的发展不断越过挡在人们面前的红色壁垒
　　——对于半导体技术研究和开发总是面临挑战和机遇

实现产业化年代	1999	2002	2005		2008	2011	2014
DRAM半节距/nm	180	130	100		70	50	35
重叠(overlay)精度/nm	65	45	35		25	20	15
MPU栅长/nm	140	85~90	65		45	30~32	20~22
临界尺寸的控制/nm	14	9	6		4	3	2
栅氧化膜厚度(等效值T_{ox})	1.9~2.5	1.5~1.9	1.0~1.5		0.8~1.2	0.6~0.8	0.5~0.6
结深度/nm	42~70	25~43	20~33		16~26	11~19	8~13
金属镀层厚度/nm	17	13	10		0	0	0
布线间绝缘层介电常数k	3.5~4.0	2.7~3.5	1.6~2.2		1.5	<1.5	<1.5

红色壁垒

图 2　摩尔定律的轨迹和封装密度随着半导体芯片集成度增加的模式

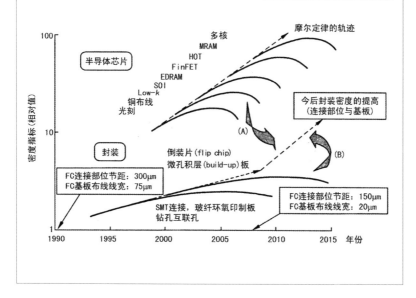

6.3.3 "摩尔定律并非物理学定律"，
"而是描述产业化的定律"

图1表示历史上各种器件靠材料和制程的进步而不断进展的实例。这些进展是在基板方面解决了超精细曝光、干法刻蚀，布线方面解决了 CMP、Cu 大马士革布线、low-k 膜开发、新型栅绝缘膜探索等一系列工艺和材料问题的基础上取得的。

正如摩尔最近所指出，"摩尔定律并非物理学定律"，"而是描述产业化的定律"。摩尔定律作为指导集成电路产业化和投资方向的定律，估计今后仍然有效（图2）。

支撑摩尔定律的支柱有两个，一个是高性能电子设备（高频、低功耗、多功能、高可靠性、轻薄短小等）**对新一代芯片的需求**，二是**芯片厂家的高额利润**（按美分／**每存储单位**计）。众所周知，芯片技术是一项极其复杂和顶端的技术，目前全球范围内，有能力研发前沿芯片的，主要集中于具有技术实力及资本实力的少数几个领头厂商。其他厂商面对丰厚的利润，由于技术差距太大，只能望而兴叹。

当这些领头厂商的产业化水平达到同一世代（特征线宽），其中必有表现突出（经营顺畅、技术储备雄厚、占有大用户三者兼而有之）的厂商先走一步，这一步大致是"翻两番"，而从立项、设计、建设到调试、投产，大致需要 3～4 年。待到其他厂商达到同一起跑线上，又有新的领头厂商先走一步，周而复始，这便是摩尔定律"**3～4 年翻两番**"的本质所在。

本节重点
(1) 介绍与摩尔定律相关联的最新发展动向。
(2) 介绍 IC 芯片制程向微细化和多样化方向的最新发展。
(3) 说说你对摩尔定律的理解。

图1 与摩尔定律相关联的发展动向

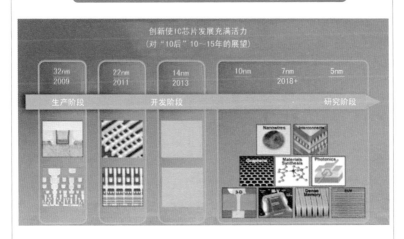

图2 IC芯片制程向微细化和多样化方向发展

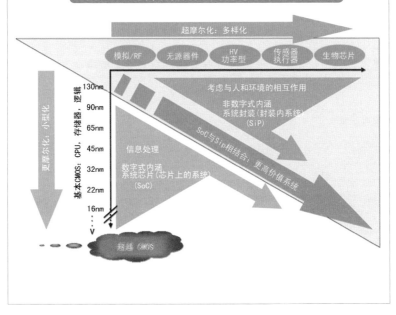

6.3.4 "踮起脚来，跳起来摘苹果"

下图列出了与摩尔定律相关的重大事件。

正是由于业界同仁的不懈努力，半导体行业才达到今天令人惊叹的发展和辉煌成就。不论以后的前景如何，相对于悲观论者来说，乐观论者的"跳起来摘苹果"、"能往前走绝不停留"更能反映人们的真实心态。也可以这样来理解摩尔定律：它给我们指明的是前进方向和奋斗目标，只要大家努力，就能从"山重水复疑无路"，实现"柳暗花明又一村"。

目前业界比较一致的看法是，到 2024 年摩尔定律将走到尽头，届时靠"电子电路"概念下的特征线宽将达到 2nm 的极限。

在产业化方面，台积电已走在世界前列，3nm 生产线已投入运行。中国大陆最先进的为 16nm 生产线。2016 ~ 2017 年间，全球确定新建的晶圆厂家有 19 座，其中中国大陆就占了 10 座。

在大数据、物联网、人工智能、无人驾驶等信息技术高速发展的背景下，IC 产业与十几年相比，有几个"从软到硬"的**新的发展趋势**特别值得国内同行关注：

(1) 由注重开发软件，回归到注重开发硬件；

(2) 由注重开发逻辑 IC，转变到注重开发存储器 IC；

(3) 由注重开发 CPU（微处理器），转变到注重开发 GPU（图形处理器）；

(4) 由注重集成电路设计，回归到注重集成电路制造。

中国大陆微电子产业起步并不晚，但数次冲击，几经沉浮，均未成正果。这与中国的大国地位远不相称。究其原因，可以列出人才、经验、环境、体制、用户等诸多方面。好在最近清华紫光拟在武汉投资建厂，引进世界最先进技术，期望再有 5 ~ 10 年达到世界先进水平。

本节重点

(1) 尽量多地举出与摩尔定律相关的重大历史事件。

(2) 目前集成电路的产业化水平达到何种程度？

(3) 在目前大数据时代，有哪几个"从软到硬"的新的发展趋势？

与摩尔定律相关的重大事件

时间	与摩尔定律相关的重大事件
1959年	仙童公司的Hoerni造出第一个平面集成电路
1965年	Moore在《电子学》预言集成电路技术发展
1966年	IBM公司的Dennard将MOS技术运用到信息存储
1970年	世界上第一个可编程微处理器Intel4004诞生
1972年	半导体掺杂的离子注入技术出现，逐步取代热扩散技术
1973年	光刻所需的投影式曝光出现，取代接触式印刷
1974年	干法刻蚀代替湿法刻蚀
1975年	Wozniak设计制造了第一台苹果个人电脑
1977年	计算机辅助设计CAD被引入集成电路领域
1982年	新型光刻胶出现，推动了光刻技术的发展
1984年	Masuoka发明了闪存
1985年	硅化钛被用于三极管栅极保护
1985年	深紫外曝光设备出现
1985年	CMOS器件逐步成为主导
1993年	Intel公司将化学机械平坦化技术引入实际生产
1997年	IBM公司引入铜布线技术
2002年	Intel公司开发出应变硅技术，并使用low-k和high-k材料
2004年	Nikon公司开发了浸入式曝光技术
2007年	苹果公司发布iPhone
2007年	Intel公司开发出氧化铪high-k材料，并与金属栅极结合
2011年	Intel公司的Bohr开发出垂直三极管结构，成为栅垂直化布置技术的基础
2014年	栅垂直化技术被引入
2015年	IBM联盟(IBM、Samsung、GF、SUNY 等)成功制造世界上首个7nm芯片
2017年	台积电在世界上率先运行3nm生产线

6.4 新材料的导入——"制造材料者制造技术"
6.4.1 多层布线层间膜，DRAM 电容膜，Cu 布线材料

集成电路不断向着高集成化和高性能化方向发展，前者包括三极管数量提高、工作频率提高，以及三极管按**比例定律**的微细化；后者包括工作电压降低（表1），功耗下降，可靠性提高等。为达到这些要求，需要不断打破各种各样的技术障碍。

正像人们常说的"**制造材料者制造技术**"，要想跨越原有技术难以克服的壁垒，必须导入具有先进性能的新材料。除了上述半导体材料，迫切要求导入的新材料主要有下述几类：

（1）**多层布线层间膜**。布线所引起的电气信号的延迟决定于布线电阻（R）与布线电容（C）的乘积"$R \times C$"，一般称其为 RC **延迟**。

下图表示布线电容与设计基准的相关性及代表性低介电常数膜的实例。从图中可以看出，布线电容随着布线的微细化，不但没有降低，反而有逐渐增加的倾向。现在，层间绝缘膜广泛采用二氧化硅膜（SiO_2，介电常数 4.2），为了减少寄生电容，希望采用介电常数更低的膜层，例如，添加氟的氧化硅膜（SiOF，3.7），非晶态碳膜（a-C，2.4），有机膜（2.0～2.7）等都是有力的候选，现正在开发中（6.4.3 节图）。

（2）**DRAM 电容膜**。最普遍采用的是氮化膜（Si_3N_4，7.5），为了获得更高性能的电容，要采用介电常数更大的钽氧化膜以及 BST、PZT 等铁电体膜，目前正逐渐达到实用化。

（3）**Cu 布线材料**。为了减少布线的 RC 延迟，现在正逐渐用电阻率更低而且可靠性高的铜布线代替目前仍在广泛使用的铝布线（详见 4.5 节）。

本节重点

（1）举出"制造材料者制造技术"的实例。
（2）低介电常数材料用于何处？常用及开发中的材料有哪些？
（3）高介电常数材料用于何处？常用及开发中的材料有哪些？

布线电容与设计基准的相关性及代表性的低介电常数膜实例

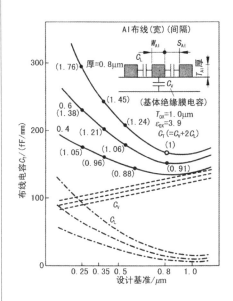

材料是半导体技术发展的关键。"制造材料者，也是集成电路的制造者"。

表 1　特征尺寸和工作电压逐渐降低

导入时间/年份	设计基准（特征线宽）	三极管的栅长	典型的工作电压/V
1995	0.35μm	0.35μm	2.5
1997	0.25μm	0.20μm	1.8
1999	0.18μm	0.13μm	1.5
2001	0.13μm	70nm	1.3
2003	90nm	50nm	1.1
2005	65nm	30nm	0.85
2007	45nm	20nm	0.7
2009	30nm	15nm	0.6

6.4.2 硅材料体系仍有潜力（1）

硅作为集成电路半导体材料，具有得天独厚的优势：储量丰富，性能稳定；容易获得大单晶（锗和化合物半导体一般难以做到）；较易得到纯度高、晶体缺陷（位错及层错等）少的单晶体；作为四价元素，既能方便地形成 p 型（掺杂三价元素），又能方便地形成 n 型（掺杂五价元素）半导体（化合物半导体则没有这样方便）；经简单的氧化或氮化工艺即能形成与硅基体结合牢固的氧化物或氮化物层，只要厚度达到纳米量级，即有满意的绝缘和隔离效果；便于实现金属化，金属膜层在硅基体上附着牢固。但与 GaAs 等化合物半导体相比，硅中的载流子迁移率低。集成电路向高速、高集成度的快速发展，对于硅材料来说，既有挑战，又有机遇。在纳米时代，硅材料仍有潜力可挖（见下表）。

应变硅（strained silicon） 所谓应变硅，是指一种厚度仅有约 1.2nm 的发生应变的超薄硅及硅（化物）层，利用应变硅替代原来的高纯硅以制造晶体管内部通道，可以让晶体管内晶体的原子间距拉长，单位长度原子数目变少，当电子通过这些区域时所遇到的阻力就会减少，由此达到提高晶体管性能的目的。应变硅技术的着眼点并非降低功耗，而是加速晶体管内部电流的通过速度，让晶体管获得更出色的效能。反映到实际指标上，就是处理器可以工作在更高的工作频率，Intel 在 90nm 工艺中的应变硅实际上是使用硅－锗（在 PMOS）和含镍的硅化物（在 NMOS）两种材料，二者均可使晶体管的导通电流平均提高 20％ 左右，而成本仅增加 2％。

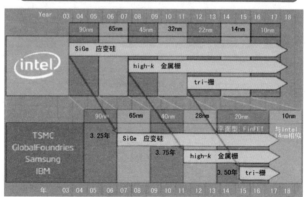

应变硅在 IC 芯片产业中的发展历程

本节重点

（1）硅作为 IC 芯片材料具有哪些得天独厚的优势？

（2）在纳米时代硅材料仍有哪些潜力可挖？

（3）指出几种决定半导体技术发展的关键材料。

表 1　低介电常数层间绝缘膜材料

种类		新材料	膜形成法	介电常数k	构　造	耐热性	存在问题
无机绝缘膜		SiO_2	氧化，CVD	4.0	—	>1000℃	—
		SiOF		3.4~3.6	—	>750℃	F稳定性(吸湿)
		含Si-H的SiO_2，HSQ(hydrogen-silsesquioxane)	涂布法	2.8~3.0 <2.0	$\left[\begin{matrix} H & & O \\ -Si-O-Si-O- \\ O & & O \end{matrix}\right]_n$	约400℃	绝氧预烘光刻胶去除
		多孔SiO_2膜	涂布法	<3.0	—	—	机械强度
有机绝缘膜		含碳的SiO_2膜(SiOC)	等离子体CVD	2.7~2.9	$\left[\begin{matrix} CH_3 & & \\ -Si-O-Si-O- \\ O & & O \end{matrix}\right]_n$	约700℃	光刻胶去除加工性
		含甲基的SiO_2，MSQ(methylsilsesquioxane)	涂布法	2.7~2.9	$\left[\begin{matrix} CH_3 & & \\ -Si-O-Si-O- \\ O & & O \end{matrix}\right]_n$	约700℃	光刻胶去除加工性
有机绝缘膜	高分子膜	多孔MSQ	涂布法(特殊干燥)	2.4~2.7	—	—	进一步提高机械强度
		聚酰亚胺系膜	涂布法	3.0~3.5	$\left[R_1-N\overset{CO}{\underset{CO}{\big<}}R_2\overset{CO}{\underset{CO}{\big>}}N\right]_n$ (R_1, R_2芳香族基)	约450℃	光刻胶去除加工性
		聚对二甲苯系膜	等离子体聚合法 涂布法	2.7~3.0	$\left[CF_2-\bigcirc-CF_2\right]_n$	约400℃	绝氧预烘光刻胶去除附着性
		聚四氟乙烯系膜	等离子体CVD	2.0~2.4	$\left(CF_2-CF_2\right)_m\left(CF-CF\right)$ 带 CF_3 基	—100℃	耐热性(玻璃化)光刻胶去除附着性
		其他的共聚膜等			—		
		非晶态碳(掺F)	等离子体CVD	<2.5	—	约700℃	绝氧预烘附着性

6.4.3 硅材料体系仍有潜力（2）

三栅晶体管（tri-gate transistor） 三栅晶体管就是在单只晶体管内集成三个通道，有两个侧栅和一个顶栅。传统的晶体管架构是二维的，只在顶部有一个栅电极，需要更多的时间在通道上切换充电状态以改变晶体管的开关状态，同时也需要更高的电压。三栅晶体管整体融合了应变硅技术、高介电常数材料介电质与金属栅电极技术，提高了晶体管的导通电流和开关效率。

high-k 栅介质与金属栅电极 到 90nm 工艺之后，电流泄漏变得非常严重。为了抑制泄漏电流，就要求更大的供电量，导致芯片功耗增加。采用 high-k 值的氧化物材料来制造晶体管栅极，Intel 称其为 high-k 栅介质。这种材料对电子泄漏的阻隔效果可以达到传统二氧化硅材料的 10000 倍，当绝缘层厚度降低到 0.1nm 时，阻隔效果还相当好。金属栅技术是为了与 high-k 材料兼容而提出的新技术。

low-k 介质材料 集成电路工艺中，二氧化硅热稳定性、抗湿性好，一直是金属互连线间使用的主要绝缘材料。由于两层互连线之间存在寄生电容，到 90nm 之后，金属互连线之间的氧化膜越薄，寄生电容就越大，从而给电路带来不良影响，如信号间的串扰（cross-talk）以及造成信号的延迟和失真等。

睡眠晶体管技术（sleep transistors） CPU 的缓存单元一直是主要发热源，二级缓存占据晶体管总量一半以上，为了降低大容量缓存消耗的高热量，Intel 在 65nm SRAM 芯片中引入了全新的"睡眠晶体管"，允许一些不会被调用的晶体管暂时处于休眠状态，当再次被调用时，它们可以立即恢复动力。当 SRAM 内的某些区域处于闲置状态时，睡眠晶体管就会自动切断该区域的电流供应，从而使芯片的总功耗大大降低。此时，睡眠晶体管可以看作是 SRAM 的小型控制器，虽然它们自己并不会进入睡眠状态，却可以控制 SRAM 单元的晶体管进行"睡眠"。

本节重点
（1）以 DRAM 为例介绍器件靠材料和制程进步而发展的历史。
（2）介绍 Cu 布线在 IC 器件发展中的意义。
（3）介绍 FRAM 的结构及功能。

各种器件靠材料和制程的进步而不断进展

①DRAM

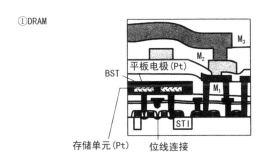

M₃
M₂
平板电极(Pt)
BST
M₁
存储单元(Pt)　位线连接
ST I

②Cu布线

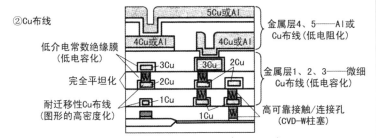

5Cu或Al

金属层4、5——Al或Cu布线(低电阻化)

低介电常数绝缘膜(低电容化)
完全平坦化
耐迁移性Cu布线(图形的高密度化)

4Cu或Al　　4Cu或Al
3Cu　3Cu　2Cu
2Cu
1Cu
1Cu

金属层1、2、3——微细Cu布线(低电容化)
高可靠接触/连接孔(CVD-W柱塞)

P. Singer:Semiconductor International, p. 52(Nov.. 1994)

③FRAM
(铁电体存储器)

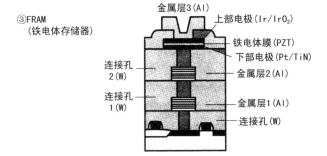

金属层3(Al)
上部电极(Ir/IrO₂)
铁电体膜(PZT)
下部电极(Pt/TiN)
连接孔2(W)
金属层2(Al)
连接孔1(W)
金属层1(Al)
连接孔(W)

6.4.4　化合物半导体焕发活力

　　化合物半导体主要包括由镓（Ga）、铟（In）、铝（Al）等
Ⅲ族元素与氮（N）、砷（As）、磷（P）等Ⅴ族元素构成的Ⅲ－Ⅴ
族，此外还有Ⅱ－Ⅵ族化合物和Ⅳ－Ⅳ族半导体等。化合物半导
体依构成元素数目的不同，分为二元系、三元系、四元系，而且
依各元素的组成比不同，也会具有不同的特性。

　　化合物半导体除已成功用于半导体激光器外，在集成电路中
也已应用，其中技术开发和实用化最早的当属**砷化镓（GaAs）化**
合物半导体。与硅半导体相比，GaAs 中的电子迁移率约为前者的
5 倍，因此可大大提高器件的工作速度，而且工作电压、功耗也
低得多。但是，其与硅相比，难以获得大外径单晶。

　　化合物半导体的应用领域既有模拟系统又有数字系统，前
者包括卫星广播接收机用的低噪声放大器，手机用的功率放大器
及驱动放大器等使用的就是 GaAs MMIC（Monolithic Microwave
IC，单片微波 IC），而且，栅长更短、频率更高的毫米波带 MMIC
也已在简易无线电装置中使用；后者包括手机的接收、发送天线
转换开关，10G bit 以上的光通信多路调制／信号分离器，高速
IC 测量用的可变延迟电路，以及电源 IC 等。

　　近年来化合物半导体在 LED（Light Emitting Diode，发光
二极管）、超晶格量子阱半导体激光器（下图）、HEMT（High
Electron Mobility Transistor，高电子迁移率三极管）、OE-IC（Opto-
Electronic Integrated Circuit，光－电子集成回路）等领域正在焕
发活力。

本节重点
　　（1）比较化合物半导体与硅半导体的优缺点。
　　（2）为什么 LED 采用化合物半导体？
　　（3）尽量多地举出化合物半导体的实际应用。

半导体激光器的基本器件构造及工作原理

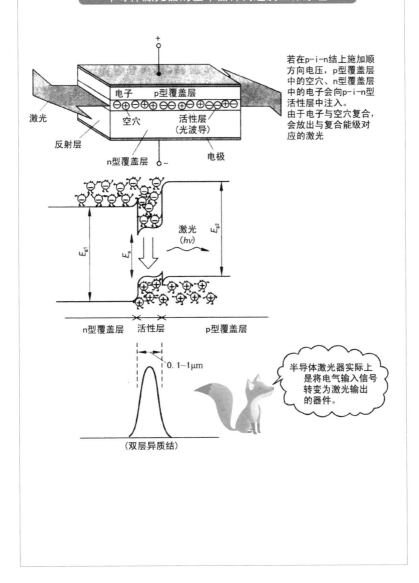

若在p-i-n结上施加顺方向电压，p型覆盖层中的空穴、n型覆盖层中的电子会向p-i-n型活性层中注入。
由于电子与空穴复合，会放出与复合能级对应的激光

半导体激光器实际上是将电气输入信号转变为激光输出的器件。

6.5 如何实现器件的高性能?
6.5.1 整机对器件的高性能化要求越来越高

随着科学技术的进步，在人们的心目中，地球范围内的时间、空间已经大幅度缩短。由于信息系统的发达，无论在世界的何处、何时，通过"联机""在线"（on-line）等都可以进行"准现场"的信息交流。从微机、互联网的普及以及近年来"物联网"急速崛起的势头看，我们肯定会迎来一个高度信息化的社会。

推动上述变革的电子学及处于其核心地位的半导体 IC，作为"不断进化的细胞"，本身在系统化的同时，正加速促进更大、更复杂系统的实现。而且，这种发展直到今天仍在不间断地持续中（下图）。那么半导体的未来究竟如何呢？

微处理器是集成电路中最具代表性的门类，也是更新换代最快的，平均每 3 ～ 5 年就有一次大的变革和突破，而且随着时间的推移，突破的时间不断缩短。

从 1971 年 Intel 发布世界上第一个微处理器 4004 开始，微处理器就进入了高速发展的阶段，到 2007 年 1 月的时候，Intel 发布了针对桌面计算机的 65nm 制程 Intel 酷睿 TM2 四核处理器和另外两款四核服务器处理器。Intel 酷睿 TM2 四核处理器含有 5.8 亿多只晶体管。尽管总有"对晶体管尺寸缩微技术的研发走到了尽头"的担忧，但权威专家确信，通过更加先进照相制版光刻技术与新型材料相结合，以及改变 IC 的设计（如进一步采用 SOI、应变硅、EDRAM、FinFET、HOT、MRAM、MultiCore 技术）等，将可以使晶体管的特征尺寸最小压缩至 5nm，在未来 10 年有效地推动 IC 芯片产业的发展。

而且，新材料和新的制造工艺迟早会使计算机技术更加廉价。从长远来看，新的电子开关器件可能以电磁技术、量子技术乃至纳米动力切换技术为基础。有一种可能性是使用单一电子的自旋变化来代表 1 或 0。

本节重点

举出决定 21 世纪 IC 芯片产业发展的一些新的技术和材料。

与 Cu 布线、CMP 平坦化、铁电体薄膜电容相关的技术

Cu 布线技术	CMP 平坦化技术	铁电体薄膜电容技术
(1) Cu成膜技术 (CVD)、装置	(1) 量产用CMP装置	(1) 成膜技术、装置
(2) Cu CVD用原料开发	・生产效率高	(MOCVD或溅镀)
(材料厂商的新材料合成)	・稳定性好	(2) 成膜用原料技术
(3) Cu刻蚀技术、装置	・在线 (in-situ) 监测技术	(材料厂家对MOCVD原料的开发)
(4) Cu研磨 (CMP) 技术、装置	(2) CMP后的洗净技术、装置	(3) 存储用电极薄膜及平板
(5) Cu用阻挡金属层技术、装置	(3) 材料技术	电极用电极薄膜的形成技术、装置
・更优良的阻挡性	・研磨剂 (研磨膏)	(Pt, RuO₂及其他导体膜)
・良好的台阶覆盖性 (特别是侧壁)	・研磨布 (研磨垫)	(4) 铁电体薄膜及电极薄膜的刻蚀技术
・极薄膜化	(4) 埋入金属、绝缘技术及相关装置	
(6) 低介电常数绝缘膜形成技术	(耐CMP的膜质及埋入特性)	

↓

Cu 布线技术:
・Cu成膜装置
・Cu刻蚀膜形成装置
・低介电常数绝缘膜形成装置

CMP 平坦化技术:
・CMP装置
・洗净装置
・埋入绝缘膜形成装置
・埋入金属层形成装置

铁电体薄膜电容技术:
・铁电体薄膜MOCVD装置
・特殊电极材料成膜技术
・铁电体薄膜刻蚀装置
・特殊电极材料刻蚀装置

6.5.2 器件的高性能化依赖于新工艺、新材料

新工艺　微电子技术能否按摩尔定律继续发展下去，很大程度取决于曝光技术能否足够精细。电子束曝光、13nm甚紫外曝光技术、X射线曝光技术等是新一代曝光技术的竞争者，虽然其能够实现精度更小的曝光，但是在产率方面仍需大幅提高。因此新型的曝光技术是急需发展的一项工艺。

当微电子器件尺寸小到一定程度，会有短沟道效应、漏感应势垒降低效应、热电子效应等产生，会导致源漏穿通等损坏器件的不良后果，因而有人提出了沟道工程，即逆向掺杂使得沟道表面掺杂浓度较低而内部掺杂浓度较高，一方面实现高的电子迁移率，另一方面减小器件的关态泄漏电流，从而抑制短沟道效应，还可以调节沟道电势和电场分布，实现载流子速度过冲和对势垒的牵制，提高器件的驱动电流和抗热载流子效应的能力。

新材料　随着微电子技术的高速发展，硅材料的局限性已逐步暴露出来，其载流子迁移率低，是间接带隙半导体，因此发光效率低，器件速度慢。而随着科研人员的探索，采用砷化镓、磷化铟等氧化物半导体材料和超导材料、金刚石材料制造集成电路，可以提高集成电路的开关速度、抗辐射能力和工作温度（金刚石集成电路可在 500 ~ 700℃下正常工作）。

当 CMOS 器件的沟道长度缩小到 130nm 时，它的栅氧化层厚度要小于2nm，这么薄的栅氧化层会使栅的直接隧穿电流增大，从而导致栅的泄漏电流以指数规律增加，器件的静态功耗增加，为了解决这个问题，需要新的栅介质材料。人们发现 high-k 栅介质材料的采用可以在保持等效厚度不变的条件下，增加介质层的物理厚度，可大大减小直接隧穿效应和栅介质层承受的电场强度。金属栅材料也是一大有利的栅极材料，通过调控金属的功函数可以降低栅极串联电阻，实现阈值匹配，解决了多晶硅的耗尽问题，现在的一些方法有双金属扩散法来调整金属功函数，或者在金属中引入杂质调整功函数。

本节重点
（1）从微处理器看 IC 芯片技术的进展。
（2）从基板工程看 IC 芯片技术的进展（参见下图）。
（3）从布线工程看 IC 芯片技术的进展（参见下图）。

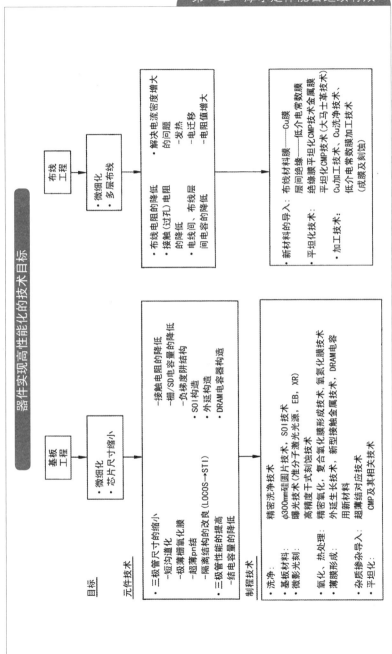

器件实现高性能化的技术目标

目标

基板工程
- 微细化
- 芯片尺寸缩小

布线工程
- 微细化
- 多层布线

元件技术

• 三极管尺寸的缩小
　－短沟道化
　－极薄栅氧化膜
　－超薄pn结
　－隔离结构的改良（LOCOS→STI）
• 三极管性能的提高
　－结电容量的降低

－接触电阻的降低
－栅/SD电容量的降低
　－负栅度附结构
• SOI构造
• 外延构造
• DRAM电容器构造

• 布线电阻的降低
　接触（过孔）电阻
　的降低
　电线间、布线层
　间电容的降低

• 解决电流密度增大
　的问题
　－发热
　－电迁移
　－电阻值增大

制程技术

• 洗净：　精密洗净技术
• 微影光刻：φ300mm硅圆片技术、SOI技术
　　　　　曝光技术（准分子激光光源、EB、 XR）
　　　　　高精度干式刻蚀技术
• 氧化、热处理：精密氧化、复合氧化技术、氧氮化膜技术
　　　　　　薄膜形成：外延生长技术、新型接触金属技术、DRAM电容
　　　　　　　　　　用新材料
• 杂质掺入：超薄结对应技术
• 平坦化：　CMP及其相关技术

• 新材料的导入：布线材料膜——Cu膜
　　　　　　　层间绝缘——低介电常数膜
• 平坦化技术：绝缘膜平坦化CMP技术（大马士革技术）
　　　　　　　Cu加工技术、Cu洗净技术、
　　　　　　　低介电常数膜加工技术
　　　　　　　（成膜及刻蚀）
• 加工技术：

6.5.3　要同时从基板工艺和布线工艺入手

进入 21 世纪，半导体集成电路产业跨入吉（10^9）比特、太（10^{12}）比特时代，最小加工尺寸从 0.18μm 进入 0.13μm，进一步向小于 0.10μm 方向迈进。尺寸单位表示也从 μm 变为 nm，如 90nm、65nm、45nm、32nm、24nm、12nm、7nm 等。与此相配合，新工艺、新材料的导入必不可缺。

作为新技术，有铜（Cu）布线、low-k 绝缘膜、铁电体存储材料、high-k 绝缘膜等。与此相关，还会促进周边制程和装置的发展，派生出新的技术和材料（6.5.1 节图）。

2000 年以后，许多新结构器件纷纷出现，对与之相应的新制程、新材料、新制作装置提出迫切要求。6.4.3 节图表示通过材料和制程进步而不断进展的器件实例。

6.5.2 节图、本节图分别按基板（前道）工艺和布线（后道）工艺，表示器件实现高性能化的技术目标和应对的挑战。

对于基板工艺来说，如果以特征线宽 65nm 为分界线，大于 65nm 时的 5 项关键技术包括积层栅绝缘膜技术、DRAM 单元结构、超薄结的形成、等效沟道长度（L_{eff}）控制、检测评价技术；小于 65nm 时的 5 项关键技术包括超高介电常数积层栅结构、存储器电容技术、超微细三极管技术、替代硅的材料、检测评价技术。

对于布线工艺来说，如果以特征线宽 100nm 为分界线，大于 100nm 时的 5 项关键技术包括新材料的采用、可靠性的提高、制程的集成化、形稳性控制、对 DRAM 影响的降低；小于 100nm 时的 5 项关键技术包括：形稳性控制和布线的评价技术、埋入及刻蚀的深径比保证、新材料及尺寸效应、Cu/low-k 之后问题的解决、制程的集成化。

上述制程的突破无疑会将微电子技术推向更高的台阶，而纳米材料和纳米工艺的采用还会催生出更先进的纳米电子学等。

本节重点
（1）介绍 IC 芯片技术最新的产业化进展。
（2）从基板工程看 IC 芯片技术的目标和挑战。
（3）从布线工程看 IC 芯片技术的目标和挑战。

半导体制程的技术目标和应对的挑战

	基板（衬道）制程的5项关键技术		布线（后道）制程的5项关键技术
2005年前 >65nm （逻辑门）	① 积层绝缘膜技术： 　>1.2nm Si₃N₄系绝缘膜 　<1.2nm高介电常数膜异常凸起控制 ② DRAM单元结构（叠层（stack）及沟槽（trench）结构）： 　Ta₂O₅、BST及电极材料的开发并达到实用化 ③ 超薄结的形成： 　采用通常方式实现 　R_s: <3000Ω/□，x_j: <30nm ④ 等效沟道长度（L_{eff}）控制： 　图形蚀刻加工侧壁（side wall）控制 ⑤ 检测评价技术	2005年前 >100nm	① 新材料的采用： 　low-k材料、high-k材料以及系统LSI对应材料的采用，相应新制程的导入 ② 可靠性的提高： 　伴随新制程材料的导入、揭清楚物性上可能存在的问题，并设法提高可靠性 ③ 制程的集成化： 　包括与Cu、Al、low-k、high-k、铁电体膜、新型阻挡金属、打底金属层等多项相关制程的集成化 ④ 形稳性（dimension）控制： 　多层布线构造全体及形成形状稳性控制技术 ⑤ 对DRAM影响的降低： 　损伤的减少、污染、热失效等的减少和控制
2005年后 <65nm （逻辑门）	① 超高介电常数积层栅结构： 　<0.9nm（换算成SiO₂）热失效及稳定性控制泄漏电流的减小 ② 存储器电容结构： 　超高介电常数电容（外延BST等） ③ 超微细三极管技术： 　CMOS结构的改进（外延源/漏等）、新器件结构的开发 ④ 替代硅的材料： 　φ300mm晶圆价格的降低 　SOI、Si-Ge材料的开发 ⑤ 检测评价技术的开发	2005年后 <100nm	① 形稳性控制和布线的评价技术 ② 导入及刻蚀比的深径比保证： 　DRAM中深径比的增大、双大马士革构造及与之形成相关的课题 ③ 新材料及尺寸效应： 　如何对应不断引入的新材料、新制程 ④ Cu/low-k后问题的解决： 　仅通过材料革新和微细化尚不能满足器件性能要求，应在在器件设计、封装以及特异布线制程等方面采取措施 ⑤ 制程的集成化： 　继续开发由多种新材料、新制程组合而成的集成化制程、减少对器件的损伤，控制热履历等

ITRS: International Technology Roadmap for Semiconductors (Nov., 1999)

6.6 从 100nm 到 7nm——以材料和工艺的创新为支撑

6.6.1 纯硅基 MOS 管和多晶硅 /high-k 基 MOS 管

由于 $Si-SiO_2$ 良好的界面特性以及 SiO_2 薄膜的优异性能，纯硅基 MOS 器件具有优异的界面性能和热稳定性，并且致密的 SiO_2 薄膜能够阻止更多的氧气和水分子进入栅介质层。此外，多晶硅与衬底硅的功函数差值较小，有利于降低器件的阈值电压，从而提高器件开关速度。

然而，当特征长度降至 65nm 节点时，就会出现短沟道效应（如图 1 沟道中的电流），显著增大器件的功耗。为了控制短沟道效应，更小尺寸器件要求进一步提高栅电极电容。这能够通过不断减小栅氧厚度而实现，但随之而来的是栅电极漏电流的提升（图 1 栅电极绝缘层流向沟道的电流）。当二氧化硅作为栅电极绝缘层且氧化层厚度低于 5.0nm 时，漏电流就变得无法忍受了。

解决上述问题的方法就是使用高介电常数绝缘材料取代二氧化硅，采用这种材料可以在不增加电学厚度的前提下允许增加绝缘层厚度，进而能够降低漏电流。

经过反复试验，基于铪（Hf）的 high-k 绝缘材料取代二氧化硅作为栅电极的绝缘层。high-k 介质的引入能在一定程度上缓解 SiO_2 厚度减小引起的隧穿效应，进而减小泄漏电流，降低器件功耗。然而，当特征长度降至 45nm 节点时，多晶硅 / high-k 基 MOS 器件出现严重的多晶硅耗尽效应。多晶硅的高电阻率也严重影响了 MOS 器件的高频特性。

此外，在早期的高介电常数材料的研发中就已经发现了 high-k 介质与多晶硅栅电极不匹配的问题（如图 2 所示）。这一问题不仅会导致在高介电材料与多晶硅材料的界面上产生大量的缺陷，还会降低器件的电子迁移率。后一问题是由于电荷散射而引起的，这也是将这两种材料结合在一起的固有表现。因此，金属栅替代了多晶硅栅，被用于纳米晶体管和先进晶体管结构。

本节重点

（1）多晶硅 /high-k 基与纯硅基 MOS 管相比有哪些区别？
（2）高介电常数材料用于何处？常用及开发中的材料有哪些？
（3）MOS 三极管采用应变硅的理由何在？如何实现应变硅（图 3）？

图 1　短沟道效应与栅电极漏电流

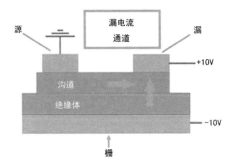

图 2　多晶硅栅电极与 high-k 界面介质不匹配

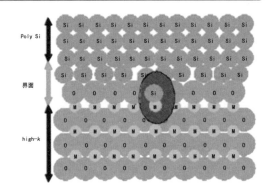

图 3　三种多轴应变技术

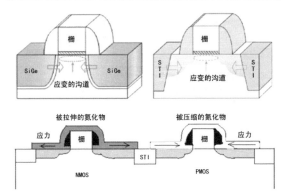

6.6.2　金属栅／high-k 基 MOS 管和
鳍式场效应晶体管（FinFET）

金属栅极是为了和 high-k 栅介质材料兼容而提出的。一方面，金属作为良导体，不会产生耗尽层，有效地消除了多晶硅耗尽效应，同时也使金属栅极无需通过掺杂提高导电性；另一方面，与多晶硅栅极相比，金属栅极材料自由电子浓度远大于反型层载流子浓度，使得金属栅极能够有效抑制 high-k 介质低能光学声子与沟道载流子耦合，从而降低声子散射，提高载流子迁移率（图1）。

对于金属栅极，最主要的要求是具有合适的功函数以获得良好的驱动性能。由于 CMOS 工艺需要同时具备 NMOS 和 PMOS 器件，而两者金属栅极功函数要求不同，分别对应于低功函数（约 4.1 eV）和高功函数（5.0～5.2 eV），所以需要使用两种不同功函数的金属和一种 high-k 材料。

与多晶硅／high-k 基介质结构相比，金属栅极能够有效屏蔽 high-k 介质带来的声子散射，从而提高载流子迁移率，达到与纯硅基相应的水平。然而金属栅／high-k 基 MOS 器件随着摩尔定律继续等比缩小，也会出现一系列负面效应（图2）。

随着半导体器件特征尺寸按摩尔定律等比缩小，芯片集成度不断提高，出现的众多负面效应使传统的平面型 MOSFET 在半导体技术发展到 22nm 时遇到了瓶颈。尤其是短沟道效应显著增大，导致器件关态电流急剧增加。尽管提高掺杂浓度可以在一定程度上抑制短沟道效应，然而高掺杂沟道会增大库伦散射，使载流子迁移率下降。目前，针对此问题已经提出了多种可能的解决措施，主要包括全耗尽绝缘体上硅技术（FDSOI）及三维立体 FinFET 等。

FinFET 与平面型 MOSFET 结构的主要区别在于其沟道由绝缘衬底上凸起的高而薄的鳍（Fin）构成，源、漏两极分别在其两端，三栅极紧贴其侧壁和顶部，用于辅助电流控制，如图3所示。这种鳍形结构增大了栅极对沟道的控制范围，从而可以有效缓解平面器件中出现的短沟道效应。也正由于该特性，FinFET 无需高掺杂沟道，因此能够有效降低杂质离子散射效应，提高沟道载流子迁移率。

本节重点
（1）说明 MOS 器件采用金属栅／high-k 基的原因。
（2）说明 FinFET 与平面型 MOSFET 结构的主要区别。
（3）低、高介电常数材料用于何处？常用及开发中的材料有哪些？

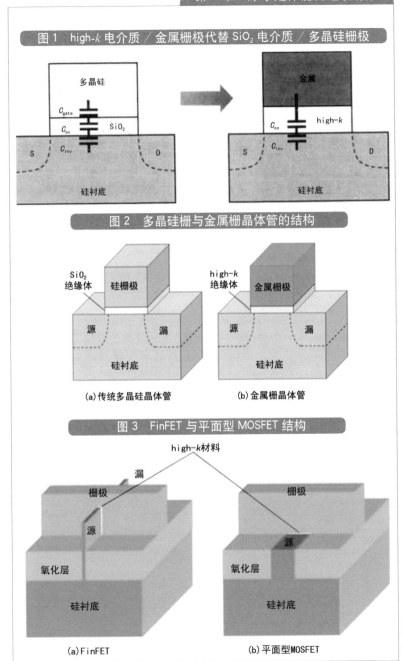

图 1　high-k 电介质／金属栅极代替 SiO$_2$ 电介质／多晶硅栅极

多晶硅

C_{gate}

C_{ox}　SiO$_2$

C_{inv}

S　D

硅衬底

金属

C_{ox}　high-k

C_{inv}

S　D

硅衬底

图 2　多晶硅栅与金属栅晶体管的结构

SiO$_2$
绝缘体

硅栅极

源　漏

硅衬底

high-k
绝缘体

金属栅极

源　漏

硅衬底

(a) 传统多晶硅晶体管　　(b) 金属栅晶体管

图 3　FinFET 与平面型 MOSFET 结构

high-k材料

漏

栅极

源

氧化层

硅衬底

栅极

源

氧化层

硅衬底

(a) FinFET　　(b) 平面型 MOSFET

6.6.3　90nm——应变硅

　　场效应管一度被认为无法突破 100nm 制程的关卡，这是由于当场管沟道宽度减小时，其所能驱动的电流也随之减小，这会导致效应场管无法正常工作。众所周知，半导体电导率很大程度上是由载流子迁移率决定的，因此提高 Si 中载流子的迁移率就成为突破 100nm 屏障的关键。应变硅（strained silicon）就是针对这一问题的解决方案，应变可以改变 Si 的能带结构，从而使载流子在运动时受到更小的阻力，达到更高的迁移率。在硅中制造应变的方法本质是改变硅晶体的晶胞参数，使其比松弛状态下的略大，从而在晶体中产生应变。

　　实现这一改变的方式有很多种，最早提出的解决方案是在硅的表面外延生长一层 Si-Ge 层（下图），由于 Si 与 Ge 都属于金刚石结构，且 Ge 具有比 Si 略大的晶格常数，Si-Ge 层在达到一定厚度时其晶胞参数会稳定在一个比 Si 略大的值；随后，在这层 Si-Ge 上再生长一层 Si，就会迫使 Si 按照 Si-Ge 的晶胞参数生长，从而拉大 Si 原子间距，在表层的 Si 中产生应变，提高表层 Si 的载流子迁移率。

　　2004 年 Intel 的 90nm 工艺最早大规模使用了应变硅技术，成功突破了 100nm 的屏障。Intel 使用的技术与上述有所不同，其通过在整个场效应管的表面生长 Si-N 高应变膜的方式在沟道的 Si 中施加应力，实现了对 Si 晶体的单向拉伸／压缩，更好地提高了载流子迁移率并简化了工艺流程。

本节重点

（1）什么是应变硅？如何实现应变硅？

（2）介绍应变硅的效果。

（3）介绍 90nm 工艺采用应变硅的效果。

应变硅与非应变硅的比较

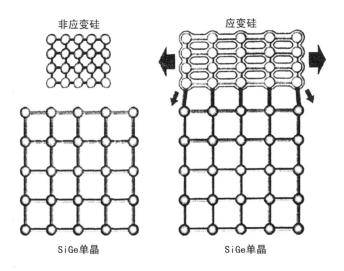

非应变硅

应变硅

SiGe单晶

SiGe单晶

6.6.4 45nm——high-*k* 绝缘层和金属栅极

场效应管的栅极是一个电容器，需要拥有足够的容量才能有效地控制沟道的形成和关闭。在栅极宽度不断减小的同时，栅极面积也在随之减小，而为了保障栅极的电容量，在不更改栅绝缘层材料的情况下就只能不断减小栅极厚度。在 sub—100nm 级别的工艺中，传统的 SiO_2 绝缘层厚度已经减小到了 1.2nm，仅有两个晶胞的厚度。过薄的栅绝缘层造成了明显的栅极直接隧穿电流（图1），在 1.2nm 厚度时这一电流密度达到了 $100A/cm^2$（@1V），这样巨大的隧穿电流密度会对芯片功耗和散热造成极大的挑战，成为栅极宽度进一步缩小的障碍。

在栅极面积缩小的情况下，提高电容量的另一种方式是增加栅绝缘材料的介电常数（见图2和表1）。90nm 工艺中使用的 SiO_2 的相对介电常数仅有约 3.9，而 BST、STO 等材料的相对介电常数达到了 1000 的量级，将这些 high-*k* 材料应用于栅绝缘层可以有效地降低栅极隧穿电流并形成更有效的沟道。这些材料可以通过 MOCVD（金属有机化合物化学气相沉积）等方法生长于 Si 基体上。

同时被应用于 45nm 工艺的新技术还有金属栅极技术（图3）。金属栅极是半导体工业最早采用的栅极技术，但由于 Al 电迁移、对 Si 造成"铝钉"短路等因素的影响，后来被多晶硅栅极所取代。但由于多晶硅较差的电导，在 45nm 节点上金属栅极再次替代了多晶硅栅极。

Intel 最早使用这两种技术在 2007 年底推出了首款 45nm 工艺 CPU Xeon5400 系列。

本节重点
(1) 介绍 45nm 工艺中采用的 high-*k* 绝缘层和金属栅工艺。
(2) 45nm 工艺中为什么采用 high-*k* 绝缘层？
(3) 45nm 工艺中为什么采用金属栅？

图 1　栅极电流与二氧化硅厚度的关系

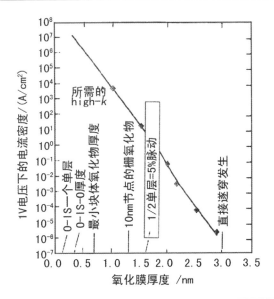

图 2　high-k 晶体管

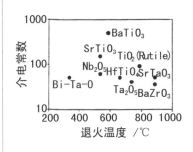

图 3　Inter 45nm 晶体管

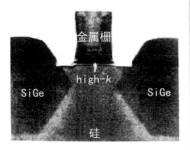

表 1　几种常见 high-k 材料常温下的介电常数

high-k 材料	Si_3N_4	ZnO	Ta_2O_5	HfO_2	ZrO_2	PZT	BST
制备方法	JVD	Sol—Gel	MOCVD	MOD	MOD	MOCVD	MOCVD
介电常数	6 ~ 7	8 ~ 12	25 ~ 50	21	25	400 ~ 800	180

6.6.5 22nm——鳍式场效应晶体管

在晶体管的尺寸进一步缩小时，沟道中的漏电流将会进一步增强。而大部分的漏电流都是在沟道下方的耗尽层流过的。为了减少漏电流，IBM 开发出了 SOI（绝缘层上硅）工艺，将沟道与耗尽层用绝缘层分隔开，从而减少了小尺寸下沟道漏电流。

在此基础上，Intel 公司大胆地将沟道下方的耗尽层取消，而在原来耗尽层（Si）的地方增加了一个栅极，这就形成了所谓 FinFET 的设计。后来 Intel 又将两栅极的设计改为三栅极，成为 Tri-Gate FET 设计。

在制造工艺上，作为沟道的 Si 厚度仅有 10nm 左右，按传统方法极难制备。Intel 公司先用普通精度的光刻刻出一堆"架子"（即成型模板），然后沉淀一层硅，在架子的边缘就会长出一层薄硅层，再把模板材料用刻蚀的方法溢出，剩下的就是这些立着的、超薄的鱼鳍状硅了。现在成熟的工艺已经可以实现厚度仅为 9nm 的沟道硅的制备。

Tri-Gate 设计的优点并不限于减小了小尺寸下的漏电流，它还具有输入电压低、功耗较小等优点。由于沟道的三个面被三个栅极围绕，这种结构可以增强栅极对沟道的控制作用，从而进一步提升管子的电流驱动能力和省电性能。与 32nm 制程晶体管相比，该设计的晶体管功耗可以减小 50% 以上，性能却增加了 37%，同时制造 Tri-Gate 晶体管所用的晶圆成本仅比传统平面型晶体管高 2% ~ 3% 左右。

为了在更小的面积内获得性能更好的场效应管，人们一直在做着将栅极立体化的努力，在 Intel 公司的 22nm 工艺节点上(图1)，FinFET（Intel 公司称为 Tri-Gate）技术首次实现量产（图2）。

FinFET 最早被研发是为了提升栅极对电流的控制并降低漏电流，它是将三极管由平面向立体化转变的成果，通过将三极管做成鳍状，使得栅极从平面的单栅变成了立体的三栅（鳍片三侧均作为栅极）。

本节重点
（1）介绍 22nm 工艺中采用的鳍式场效应晶体管工艺。
（2）介绍 FinFET 的结构。
（3）介绍晶体管的发展趋势。

图 1　Inter 32nm，22nm 晶体管

图 2　FinFET 结构

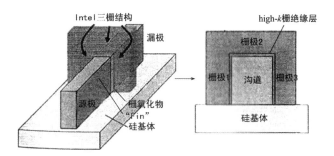

6.6.6 7nm —— EUV 光刻和 SiGe-Channel

2015 年 9 月，IBM 联盟（IBM、Samsung、GF、SUNY 等）成功制造了世界上首个 7nm 芯片（图 1），IBM 联盟 10nm 芯片的量产（Snap Dragon 835）和 7nm 芯片的试制标志着 Intel 在芯片工艺节点上的领先被赶超。7nm 芯片制造中的两项重要技术为 EUV 光刻与 SiGe-Channel 的使用。

SiGe 拥有比纯 Si 更高的载流子迁移率，因此前者更适合制备更小尺寸的三极管。Si 的晶胞参数约为 0.5nm，当栅长减小至 7nm 之窄时，沟道变得过分小，以至于这几十个硅原子无法承载足够的电流。通过在 Si 中掺入一定量的 Ge，材料的载流子迁移率得到了一定的提升，从而可以承载足够的电流。由于在 sub-10nm 工艺中使用 Si 通常会导致各种问题，可以预见 Intel、TMSC 等厂商也会采用与 IBM 联盟相同的策略。

EUV 光刻是一种更有意义的创新（图 2）。当晶体管尺寸变小时，我们需要用一束更细的光来刻蚀这些细微的结构，或者使用多重掩模（multiple patterning）技术。现阶段量产使用的光刻光源为 193nmArF 准分子激光，在使用这一光源生产 14nm 芯片时，需要大量复杂的工序并使用大量复杂的光学设备。而 EUV 的波长仅有 13.5nm，这使得其可以方便地实现 sub-10nm 工艺节点的制造，但是目前仍然没有有效的手段来降低这种光刻技术的成本，使其适用于商业化生产。

本节重点
(1) 介绍 7nm 工艺中采用的 EUV 光刻和 SiGe-Channel。
(2) 什么是 EUV 光刻？它有何优势？
(3) 调研世界范围内 EUV 光刻机的生产与使用情况。

图 1　IBM 7nm 工艺

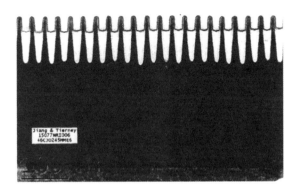

图 2　EUV 设备

书角茶桌

集聚最强的力量打好核心技术研发攻坚战

照一般说法，造成我国芯片产业发展缓慢有三大原因：资本不足、人才断层和机制缺乏。但作者认为，我国半导体业发展的路径一直没走对才是我们在该领域落后的主要原因。

日本半导体行业成功崛起的原因在于，在官方产业协调下，大型寡头企业组成联合投资的"研发联盟"，在该领域进行联合攻关。韩国的情况也基本如此，在政府支持下，三星这样的寡头企业在国际上通过并购，组建成体系的研发联盟。因此，两国的成功经验就是：由政府产业政策驱动、领军寡头企业组建研发联盟进行技术攻关。

而我们的问题在于，一直没弄明白该怎么发展半导体业，整个行业处于各自为战的"无头苍蝇"状态。政府的确认识到发展半导体的重要性，并提出了具体目标。但是，这一过程并无政府具体参与组织，更没有真正意义上的产业联盟的组建。产业政策制定部门以及行业、企业，到现在为止还没有认识到联合作战的意义，没有学习日、韩半导体业崛起的经验，依然单打独斗。地方政府依然热衷于大规模引进落后的半导体生产线，实在是不思进取，坐以待毙。

由于没有领军企业，更没有产业联盟，上下游各自为战，稀有的资源在分散状态下缺乏联盟创造的价值，甚至在下游应用市场上，也得不到中国企业的支持。这种散乱的局面，导致资本、人才和技术都是分散的，产生不了聚集效应。这需要政府或者行业协会尽快组建联盟。而不是任由投机性的资本在制造领域呼风唤雨，分散人才资源，冲击整个行业的发展。

我们同国际先进水平在核心技术上差距悬殊的另一个很突出的原因，是我们的骨干企业没有像微软、英特尔、谷歌、苹果那样形成协同效应。美国有个所谓的"文泰来"联盟，微软的视窗操作系统只配对英特尔的芯片。在核心技术研发上，强强联合比单打独斗效果要好，要在这方面拿出些办法来，彻底摆脱部门利益和门户之见的束缚。抱着"宁为鸡头、不为凤尾"的想法，固守自己拥有的一亩三分地，形不成合力，是难以成事的。

人才不足问题对我们来说也十分突出。近年来，一些年轻人看到致富的渠道既多又新奇，渴望能尽快发财，可是IC芯片技术是相当难的技术，需要长期聚焦钻研。聪明的年轻人发现，追随马云的脚步没有那么慢，有更多机会暴富。因此，不是我们没有人才，而是真正肯在IC芯片制程下功夫的年轻人并不多。

"亡羊补牢，未为迟也"，我国政府与企业应该把集合号吹起来，攻坚克难，实现在半导体领域核心技术的突破，摆脱全球第一制造业大国受制于人的窘境。

参考文献

[1] 田民波. 集成电路（IC）制程简论. 北京：清华大学出版社, 2009
[2] Kasap S O. Principles of Electronic Materials and Devices. 3 版. 北京：清华大学出版社（影印版）, 2007
[3] Michael Quirk, Julian Serda. Semiconductor Manufacturing Technology. Prentice Hall, 2001
[4] 菊地 正典. 半導體のすべて. 日本實業出版社, 1998
[5] 前田 和夫. はじめての半導體プロセスへ. 工業調査会, 2000
[6] 岡崎 信次, 鈴木 章義, 上野 巧. はじめての半導體リソグテフ技術. 工業調査会, 2003
[7] 還藤 伸裕, 小林 伸長, 若宮 互. はじめての半導體制造材料. 工業調査会, 2002
[8] 张厥宗. 硅单晶抛光片的加工技术. 北京：化学工业出版社, 2005
[9] 菊地 正典. やさしくわかゐ半導體. 日本實業出版社, 2000
[10] 西久保 靖彦. てれで半導體のすべてがわかる！秀和システム, 2005
[11] 张劲燕. 电子材料. 台北：台湾五南图书出版有限公司, 2004
[12] 张劲燕. 电子材料. 台北：台湾五南图书出版有限公司, 2004
[13] 李世鸿. 积体电路制程技术. 台北：台湾五南图画出版有限公司, 1998
[14] Betty Lise Anderson, Richard L. Anderson. Fundamentals of Semiconductor Devices. McGraw-Hill, 2005

作者简介

田民波，男，1945年12月生，中共党员，研究生学历，清华大学材料学院教授。邮编：北京100084；E-mail: tmb@mail.tsinghua.edu.cn。

1964年8月考入清华大学工程物理系。1970年毕业留校，一直任教于清华大学工程物理系、材料科学与工程系、材料学院等。1981年在工程物理系获得改革开放后第一批研究生学位。其间，数十次赴日本京都大学等从事合作研究三年以上。

长期从事材料科学与工程领域的教学科研工作，曾任副系主任等。承担包括国家自然科学基金重点项目在内的科研项目多项，在国内外刊物发表论文120余篇，正式出版著作40余部（其中10多部在台湾以繁体版出版），多部被海峡两岸选为大学本科及研究生用教材。

担任大学本科及研究生课程数十门。主持并主讲的"材料科学基础"先后被评为清华大学精品课、北京市精品课，并于2007年获得国家级精品课称号。

面向国内外开设慕课两门，其中"材料学概论"迄今受众近4万，于2017年被评为第一批国家级精品慕课；"创新材料学"迄今受众近2万，被清华大学推荐申报2018年国家级精品慕课。

作者书系

[1] 田民波，刘德令．薄膜科学与技术手册（上册，150万字）．北京：机械工业出版社，1991
[2] 田民波，刘德令．薄膜科学与技术手册（下册，185万字）．北京：机械工业出版社，1991
[3] 汪泓宏，田民波．离子束表面强化（30万字）．北京：机械工业出版社，1992
[4] 田民波．校内讲义：薄膜技术基础（45万字）．1995
[5] 潘金生，仝健民，田民波．材料科学基础（102万字）．北京：清华大学出版社，1998
[6] 田民波．磁性材料（45万字）．北京：清华大学出版社，2001

[7] 田民波. 电子显示（51万字）. 北京：清华大学出版社，2001

[8] 李恒德主编. 现代材料科学与工程词典（98万字）. 基础部分由潘金生，田民波编写. 济南：山东科学技术出版社，2001

[9] 田民波. 电子封装工程（89万字）. 北京：清华大学出版社，2003

[10] 田民波，林金堵，祝大同. 高密度封装基板（98万字）. 北京：清华大学出版社，2003

[11] 刘培生译，田民波校. 多孔固体——结构与性能（54万字）. 北京：清华大学出版社，2003

[12] 范群成，田民波. 材料科学基础学习辅导（35万字）. 北京：机械工业出版社，2005

[13] 田民波编著，颜怡文修订. 半导体电子元件构装技术（89万字）. 台北：台湾五南图书出版有限公司，2005

[14] 田民波. 薄膜技术与薄膜材料（120万字）. 北京：清华大学出版社，2006

[15] 田民波编著，颜怡文修订. 薄膜技术与薄膜材料（120万字）. 台北：台湾五南图书出版有限公司，2007

[16] 田民波. 材料科学基础——英文教案（42万字）. 北京：清华大学出版社，2006

[17] 陈金鑫，黄孝文著，田民波修订. OLED有机电致发光材料与组件（33万字）. 北京：清华大学出版社，2007

[18] 戴亚翔著，田民波修订. TFT LCD面板的驱动与设计（32万字）. 北京：清华大学出版社，2007

[19] 范群成，田民波. 材料科学基础考研试题汇编：2002－2006（34万字）. 北京：机械工业出版社，2007

[20] 西久保 靖彦著，田民波译. 图解薄型显示器入门（30万字）. 台北：台湾五南图书出版有限公司，2007

[21] 田民波编著，林怡欣修订. TFT液晶显示原理与技术（44万字）. 台北：台湾五南图书出版有限公司，2008

[22] 田民波编著，林怡欣修订. TFT LCD面板设计与构装技术（49万字）. 台北：台湾五南图书出版有限公司，2008

[23] 田民波编著，林怡欣修订. 平面显示器之技术发展（47万字）. 台北：台湾五南图书出版有限公司，2008

[24] 田民波. 集成电路（IC）制程简论（31万字）. 北京：清华大学出版社，2009

[25] 赵乃勤，杨志刚，冯运莉主编，田民波主审. 合金固态相变（48万字）. 长沙：中南大学出版社，2008

[26] 范群成，田民波. 材料科学基础考研试题汇编：2007－2009（24万字）. 北京：机械工业出版社，2010

[27] 田民波，叶锋. TFT液晶显示原理与技术（44万字）. 北京：

科学出版社，2010

[28] 田民波，叶锋.TFT LCD 面板设计与构装技术（49 万字）.
北京：科学出版社，2010

[29] 田民波，叶锋.平板显示器的技术发展（47 万字）.北京：
科学出版社，2010

[30] 潘金生，仝健民，田民波.材料科学基础（修订版）（106 万字）.
北京：清华大学出版社，2011

[31] 田民波，吕辉宗，温坤礼.白光 LED 照明技术（45 万字）.
台北：台湾五南图书出版有限公司，2011

[32] 田民波，李正操.薄膜技术与薄膜材料（70 万字）.北京：
清华大学出版社，2011

[33] 田民波，朱焰焰.白光 LED 照明技术（45 万字）.北京：科
学出版社，2011

[34] 刘培生，田民波，朱永法译，田民波校.固体缺陷.北京：北
京大学出版社，2013

[35] 田民波.创新材料学（140 万字）.北京：清华大学出版社，
2015

[36] 田民波，张劲燕校订.材料学概论.台北：台湾五南图书出
版有限公司，2015

[37] 田民波，张劲燕校订.创新材料学.台北：台湾五南图书出
版有限公司，2015

[38] 周明胜，田民波，俞冀阳.核能利用与核材料.北京：清华
大学出版社，2016

[39] 周明胜，田民波，戴兴建.核材料与应用.北京：清华大学
出版社，2017

[40] 田民波.图解 OLED 柔性显示.北京：化学工业出版社，2019

[41] 田民波.图解磁性材料.北京：化学工业出版社，2019

[42] 田民波.图解化学电池.北京：化学工业出版社，2019

[43] 田民波.图解飞机与航空材料.北京：化学工业出版社，
2019

[44] 田民波.图解粉体和纳米材料.北京：化学工业出版社，
2019